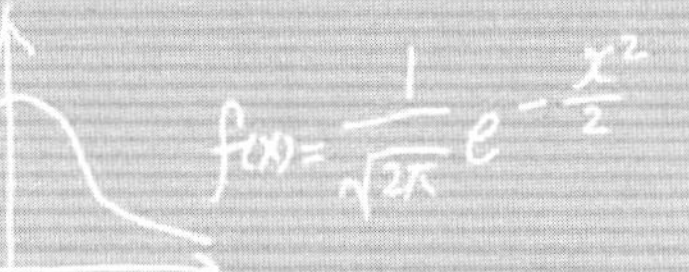

概率论与数理统计轻松学

揭示数学问题的内在逻辑与方法选择的前因后果

王志超／编著

送给正在学习概率论与数理统计的大学新生
和因为考研而要将它再次拾起的同学们

北京航空航天大学出版社
BEIHANG UNIVERSITY PRESS

内 容 简 介

本书是一本教人如何学习概率论与数理统计的书，它的关注点不是定义、定理、性质，以及后两者的证明，而是以一道道具体的题为切入点，揭示数学问题的内在逻辑和方法选择的前因后果。它既可以帮助初学概率论与数理统计的本科生学好该课程，也可以用作复习考研数学的参考书。

本书包含随机事件和概率、一维随机变量及其分布、多维随机变量及其分布、随机变量的数字特征、数理统计五章内容，详细阐述了 15 个问题、74 道例题，囊括了各类概率论与数理统计教材的主要内容，以及全国硕士研究生招生考试数学一、数学三的全部考点。

图书在版编目(CIP)数据

概率论与数理统计轻松学 / 王志超编著. -- 北京 ：北京航空航天大学出版社，2020.8

ISBN 978-7-5124-3323-6

Ⅰ. ①概… Ⅱ. ①王… Ⅲ. ①概率论—高等学校—教材②数理统计—高等学校—教材 Ⅳ. ①O21

中国版本图书馆 CIP 数据核字(2020)第 144960 号

概率论与数理统计轻松学

王志超 编著

策划编辑 沈 涛

责任编辑 胡 敏 张 乔

*

北京航空航天大学出版社出版发行

北京市海淀区学院路 37 号(邮编 100191) http://www.buaapress.com.cn

发行部电话：(010)82317024 传真：(010)82328026

读者信箱：shentao@buaa.edu.cn 邮购电话：(010)82316936

涿州市新华印刷有限公司印装 各地书店经销

*

开本：787×1 092 1/16 印张：9.75 字数：250 千字

2020 年 8 月第 1 版 2020 年 8 月第 1 次印刷 印数：8 000 册

ISBN 978-7-5124-3323-6 定价：25.90 元

若本书有倒页、脱页、缺页等印装质量问题，请与本社发行部联系调换。联系电话：(010)82317024

前　言

在“高等数学”“线性代数”“概率论与数理统计”这三门大学数学基础课程和考研数学统考科目中，“概率论与数理统计”无疑是最“接地气”的一门课程。

相比在考研数学一和数学三中同样占 34 分的线性代数，概率论与数理统计不但没有那么强的抽象性和逻辑性，而且还有着鲜明的现实背景。

因此，本书与拙著《高等数学轻松学》和《线性代数轻松学》最大的不同之处，就是每章不再以“问题脉络”的框架图开篇，取而代之的是“抛砖引玉”中生动的引例，并且将小明同学和概率论与数理统计的故事从第一章连贯地进展到了第五章。我想通过这些与大学生活息息相关的例子，带领读者走近这门“接地气”的学科，从而思考探讨随机事件和概率、一维随机变量及其分布、多维随机变量及其分布、随机变量的数字特征、数理统计这五部分内容的意义。

学好概率论与数理统计有以下三个关键：

第一，要有高等数学（或微积分）的基础。与中学数学所学的概率和统计知识不同，大学的“概率论与数理统计”课程需要大量使用高等数学的方法，尤其是定积分和二重积分的计算成为了不少同学学习这门课程的“拦路虎”。所以，在学习概率论与数理统计的同时，有针对性地复习高等数学是必要的。

第二，学会类比。“类比”是将概率论与数理统计中的知识点化繁为简的好方法，而这也是本书“知识储备”中大量通过表格来梳理知识的原因。由于离散型随机变量的分布律和连续型随机变量的概率密度“扮演着相同的角色”，所以关于连续型随机变量的许多公式都能与离散型随机变量的相应公式进行类比，而有的只不过用求积分来代替求和。此外，关于二维随机变量的一些问题也能与一维随机变量的相应问题进行类比，甚至就连随机变量的独立性都能与随机事件的独立性进行类比。如果不会类比，那么各概念、性质和公式就仿佛一盘散沙，既难以记忆，又不知如何应用。

第三，学会分类讨论。在概率论与数理统计中，有两个疑难问题，那就是求随机变量的函数的概率密度，以及求两个随机变量的函数的概率密度，而这两个问题的关键都在于分类讨论。本书细致地讲解了为什么要分类讨论、该如何通过数形结合来分类讨论，并且通过表 3 - 4 进行了梳理。希望同学们读完本书后，不再对这两个疑难问题望而却步。

本书既可以帮助初学“概率论与数理统计”的本科生学好这门课程，也可以作为考研学生复习这门学科的参考书。

对于初学“概率论与数理统计”的本科生，本书囊括了该学科各类教材的主要内容。同学们可以根据各高校各专业不同的教学情况，选择对自己有价值的章节阅读。

对于考研的考生，本书囊括了全国硕士研究生招生考试数学一和数学三的全部考点。目前，这两个卷种概率论与数理统计的考试要求没有显著差异，参加数学一考试的考生应阅读整本书，参加数学三考试的考生对第五章问题 4，以及“实战演练”中的第 10 题不作要求。本书例题中收录的所有考研真题均已注明考试年份，可帮助考生了解考研试题的命题风格。

本书每章后的“实战演练”可帮助读者检测各章的学习成果，并且在书后给出了每道习题的答案和详细解答。

此外，感谢北京航空航天大学出版社，尤其是策划编辑沈涛老师对本书出版做出的辛勤努力。感谢我的家人和朋友在我写作过程中给予的支持与鼓励。

由于水平有限，对于书中的不当之处，在此先行道歉，并欢迎广大读者朋友批评指正。对此，我将不胜感激。

愿本书能为同学们的“概率论与数理统计”学习提供切实有效的帮助！

王志超

2020 年 6 月

目　　录

第一章　随机事件和概率

问题 1　随机事件的概率的计算与证明

问题 2　随机事件的概率的应用

第一章　随机事件和概率

抛砖引玉

【引例】最近,小明很惆怅,这是因为还有两周,他就要参加课程概率论与数理统计的期末考试了,而他还没有开始复习.目前,他只有以下三种复习方法可供选择,并且由于时间紧迫,他只来得及选择其中的一种:

① 阅读教材;

② 做历年考试题;

③ 阅读《概率论与数理统计轻松学》.

小明了解到,在以往与他情况类似的同学们中,选择第①、第②、第③种方法来复习的分别占0.4,0.3,0.3,而在这些选择第①、第②、第③种方法复习的同学们中,能够通过概率论与数理统计期末考试的又分别占0.2,0.5,0.9.

此时,小明非常关心下面两个问题:

(1) 他通过概率论与数理统计期末考试的可能性有多大?

(2) 虽然他已经知道了选择第③种方法复习,通过考试的可能性最大,但是他也想知道,在通过考试的同学们中,选择第③种方法来复习的又占多少?

【分析与解答】假设与小明情况类似的同学人数为a,则其中选择第①、第②、第③种方法复习并且通过考试的人数分别为$0.2\times0.4a$、$0.5\times0.3a$、$0.9\times0.3a$,于是便能得到其中通过考试的总人数$(0.2\times0.4+0.5\times0.3+0.9\times0.3)a$.以此为鉴,小明通过考试的可能性不妨以

$$0.2\times0.4+0.5\times0.3+0.9\times0.3=0.5$$

来衡量.而在通过考试的同学们中,选择第③种方法来复习的占到

$$\frac{0.9\times0.3}{0.2\times0.4+0.5\times0.3+0.9\times0.3}=0.54.$$

如果用B_1,B_2,B_3来分别表示事件"选择阅读教材来复习"、"选择做历年考试题来复习"和"选择阅读《概率论与数理统计轻松学》来复习",那么不妨认为它们的**概率**分别为

$$P(B_1)=0.4,\quad P(B_2)=0.3,\quad P(B_3)=0.3.$$

若再用A来表示事件"通过概率论与数理统计期末考试",则不妨认为在事件B_1,B_2,B_3发生的条件下事件A发生的**条件概率**分别为

$$P(A\mid B_1)=0.2,\quad P(A\mid B_2)=0.5,\quad P(A\mid B_3)=0.9,$$

并且可以用$P(AB_1),P(AB_2),P(AB_3)$来表示事件A分别与事件B_1,B_2,B_3同时发生的概率.于是,如图1-1所示,解决问题(1)只需要求

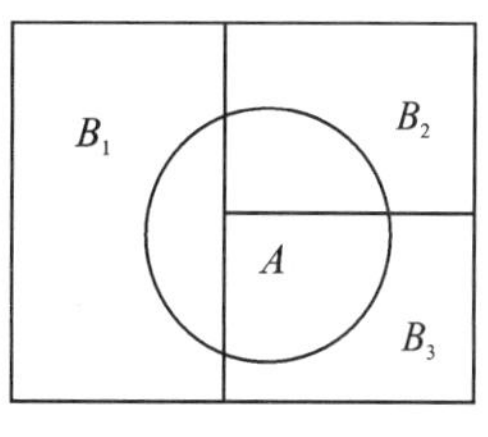

图1-1

$$P(A)=P(AB_1)+P(AB_2)+P(AB_3)$$
$$=P(A\mid B_1)P(B_1)+P(A\mid B_2)P(B_2)+P(A\mid B_3)P(B_3),$$

这称为**全概率公式**;而解决问题(2)也只需要求

$$P(B_3\mid A)=\frac{P(A\mid B_3)P(B_3)}{P(A\mid B_1)P(B_1)+P(A\mid B_2)P(B_2)+P(A\mid B_3)P(B_3)},$$

这称为**贝叶斯公式**.

本章的主题是利用“五大公式”来解决复杂事件的概率问题,而全概率公式与贝叶斯公式则是其中最复杂、也是最重要的两个公式.

问题 1 随机事件的概率的计算与证明

知识储备

1. 随机事件

(1) 随机事件的概念

某随机试验的所有可能结果组成的集合称为该随机试验的样本空间,记作 S. 样本空间的元素称为样本点. 样本空间的子集称为随机事件,简称事件,常用字母 A,B,C 等表示(如图 1-2 所示).

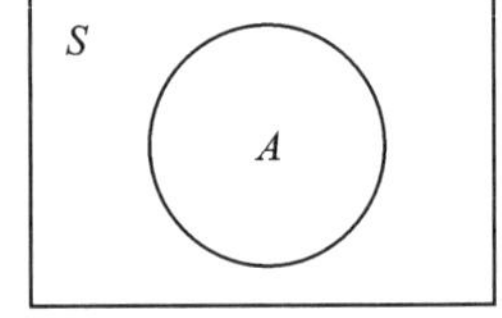

图 1-2

【注】

(i) 若试验具有以下特点:

① 能在相同的条件下重复进行;

② 每次试验的可能结果不止一个,并且能事先明确试验的所有可能结果;

③ 进行一次试验之前不能确定哪一个结果会出现,则称该试验为随机试验. 例如,抛硬币观察正反面出现的情况、掷骰子观察出现的点数都是常见的随机试验.

(ii) 由于样本空间 S 包含所有的样本点,它在每次试验中总是发生的,故 S 称为必然事件. 又由于空集 $\varnothing$ 不包含任何样本点,它在每次试验中都不发生,故 $\varnothing$ 称为不可能事件.

(2) 随机事件的运算

随机事件的运算如表 1-1 所列.

表 1-1

运 算	定 义	文氏图
和事件	事件 $A\cup B=\{x\mid x\in A$ 或 $x\in B\}$ 称为事件 A 与事件 B 的和事件,即当且仅当 A,B 中至少一个发生时,事件 $A\cup B$ 发生	S A B

续表 1-1

运　算	定　义	文氏图
差事件	事件 $A-B=\{x\mid x\in A$　且　$x\notin B\}$ 称为事件 A 与事件 B 的差事件，即当且仅当 A 发生、B 不发生时，事件 $A-B$ 发生	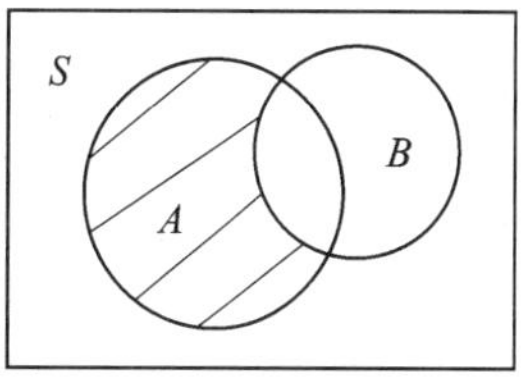 S A B
积事件	事件 $AB=\{x\mid x\in A$　且　$x\in B\}$ 称为事件 A 与事件 B 的积事件，即当且仅当 A,B 同时发生时，事件 AB 发生. AB 也记作 $A\cap B$	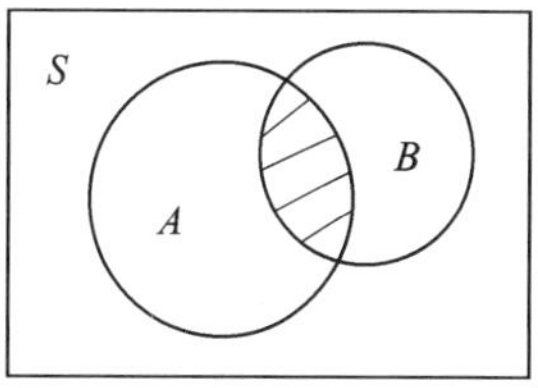 S A B

【注】随机事件有如下运算律：

① (交换律) $A\cup B=B\cup A, AB=BA$；

② (结合律) $A\cup(B\cup C)=(A\cup B)\cup C, A(BC)=(AB)C$；

③ (分配律) $A\cup(BC)=(A\cup B)(A\cup C), A(B\cup C)=AB\cup AC$.

(3) 随机事件之间的关系

随机事件之间的关系如表 1-2 所列.

表 1-2

关　系	定　义	文氏图
包含	若事件 A 发生必导致事件 B 发生，则称事件 B 包含事件 A，记作 $A\subset B$	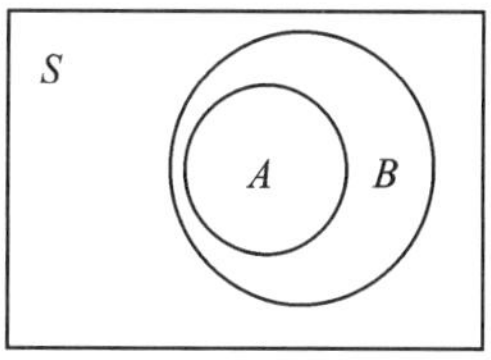 S A B
相等	若 $A\subset B$ 且 $B\subset A$，则称事件 A 与事件 B 相等，记作 $A=B$	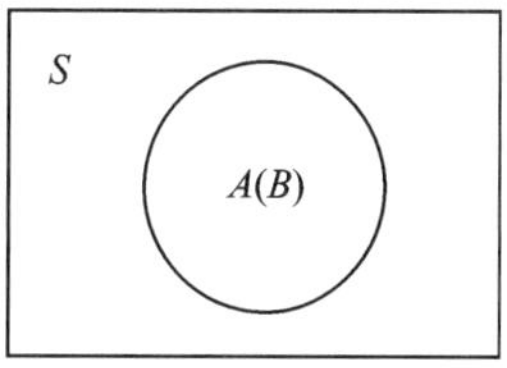 S A(B)
互斥	若 $AB=\varnothing$，则称事件 A 与事件 B 互斥（或互不相容）	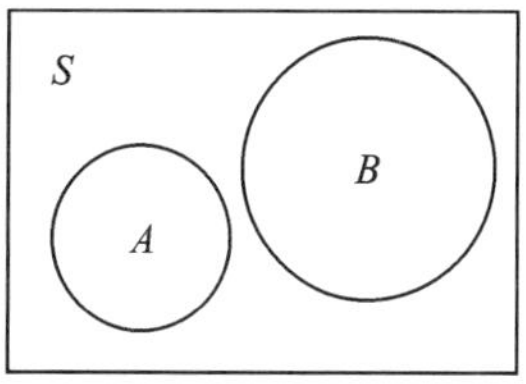 S A B

续表 1-2

关系	定义	文氏图
互逆	若 $AB=\varnothing$ 且 $A\cup B=S$，则称事件 A 与事件 B 互为逆事件（或互为对立事件），记作 $B=\overline{A}$	S A B

【注】 值得注意的是，关于逆事件，有

① （对偶律）$\overline{A\cup B}=\overline{A}\,\overline{B}$，$\overline{AB}=\overline{A}\cup\overline{B}$；

② （差积律）$A\overline{B}=A-AB=A-B$.

2. 随机事件的概率

(1) 概率的公理化定义

设某随机试验的样本空间为 S，对于每一事件 $A\subset S$ 赋予一个实数，记为 $P(A)$. 若

① 对于每一事件 A，有 $P(A)\geqslant 0$；

② 对于必然事件 S，有 $P(S)=1$；

③ 设 $A_1,A_2,\cdots$ 是两两互斥的事件，有 $P(A_1\cup A_2\cup\cdots)=P(A_1)+P(A_2)+\cdots$，

则称 $P(A)$ 为事件 A 的概率.

(2) 概率的性质

① 对于任一事件 A，$0\leqslant P(A)\leqslant 1$，且 $P(\varnothing)=0$，$P(S)=1$；

② 对于任一事件 A，$P(\overline{A})=1-P(A)$；

③ 若 $A\subset B$，则 $P(A)\leqslant P(B)$.

3. 随机事件的概率的五大公式

① 加法公式：$P(A\cup B)=P(A)+P(B)-P(AB)$.

【注】 $P(A\cup B\cup C)=P(A)+P(B)+P(C)-P(AB)-P(AC)-P(BC)+P(ABC)$.

② 减法公式：$P(A-B)=P(A\overline{B})=P(A)-P(AB)$.

③ 乘法公式：设 $P(A)>0$，则 $P(AB)=P(B|A)P(A)$.

【注】 当 $P(A)>0$ 时，称

$$P(B\mid A)=\frac{P(AB)}{P(A)}$$

为在事件 A 发生的条件下事件 B 发生的条件概率.

其实，设 S 为某随机试验的样本空间，则该随机试验的事件 B 的概率

$$P(B)=\frac{P(SB)}{P(S)}=P(B\mid S),$$

因此条件概率 $P(B|A)$ 无异于把样本空间"压缩"成了包含于 S 的事件 A.

此外,关于概率的一些结论仍然适用于条件概率.例如:

$$P(\overline{B} \mid A)=1-P(B \mid A),$$
$$P(B \cup C \mid A)=P(B \mid A)+P(C \mid A)-P(BC \mid A),$$
$$P(B-C \mid A)=P(B \mid A)-P(BC \mid A).$$

④ 全概率公式:设 S 为某随机试验的样本空间,A 为该随机试验的事件,$B_1,B_2,\cdots,B_n$ 为 S 的一个划分,且 $P(B_i)>0(i=1,2,\cdots,n)$,则

$$\begin{aligned}P(A)&=\sum_{i=1}^{n}P(A \mid B_i)P(B_i)\\&=P(A \mid B_1)P(B_1)+P(A \mid B_2)P(B_2)+\cdots+P(A \mid B_n)P(B_n).\end{aligned}$$

【注】 若事件 $B_1,B_2,\cdots,B_n$ 两两互斥,且 $B_1 \cup B_2 \cup \cdots \cup B_n=S$,则称 $B_1,B_2,\cdots,B_n$ 为样本空间 S 的一个划分,或称 $B_1,B_2,\cdots,B_n$ 为一个完备事件组.

⑤ 贝叶斯公式:设 S 为某随机试验的样本空间,A 为该随机试验的事件,$B_1,B_2,\cdots,B_n$ 为 S 的一个划分,且 $P(A)>0,P(B_i)>0(i=1,2,\cdots,n)$,则

$$P(B_i \mid A)=\frac{P(A \mid B_i)P(B_i)}{\sum_{j=1}^{n}P(A \mid B_j)P(B_j)},\quad i=1,2,\cdots,n.$$

4. 随机事件的独立性

若 $P(AB)=P(A)P(B)$,则称事件 A,B 相互独立,简称 A,B 独立.

【注】

(i) 一般地,当 $P(A)>0,P(B)>0$ 时,

$$\begin{aligned}P(AB)&=P(B \mid A)P(A)\\&=P(A \mid B)P(B).\end{aligned}$$

而一旦 $P(B|A)=P(B)$,则说明事件 A 的发生与否对事件 B 发生的可能性毫无影响.类似地,若 $P(A|B)=P(A)$,则说明 B 的发生与否对 A 发生的可能性也毫无影响.于是便可将满足 $P(AB)=P(A)P(B)$ 的事件 A,B 称作相互独立的事件.

(ii) 值得注意的是,事件 A,B 独立是 A,B 互斥的既不充分也不必要条件.不仅如此,当 $P(A)>0,P(B)>0$ 时,A,B 独立与 A,B 互斥不能同时成立.

(iii) 在四对事件 A 与 B、$\overline{A}$ 与 B、A 与 $\overline{B}$、$\overline{A}$ 与 $\overline{B}$ 中,若其中任一对独立,则其余三对都独立.

(iv) 若 $P(AB)=P(A)P(B),P(AC)=P(A)P(C),P(BC)=P(B)P(C)$,且

$$P(ABC)=P(A)P(B)P(C),$$

则称事件 A,B,C 相互独立.值得注意的是,A,B,C 两两独立是 A,B,C 相互独立的必要非充分条件.

问题研究

题眼探索 概率论与数理统计，顾名思义，由概率论(第一至四章)和数理统计(第五章)两部分内容组成. 而在概率论的“探索之旅”中，有两道“风景”，分别为随机事件(第一章)和随机变量(第二至四章).

关于随机事件的话题，主要围绕着它的概率展开. 随机事件的概率问题往往以两张“面孔”呈现：一是抽象性问题，包括计算和证明(问题 1)；二是应用性问题，即在现实背景下求概率(问题 2).

面对随机事件的概率的抽象性问题，主要通过加法公式、减法公式、乘法公式，及其恒等变形来解决. 换言之，关键在于如何向以下三式“求助”：

$$P(A\cup B)=P(A)+P(B)-P(AB), \tag{1-1}$$

$$P(A-B)=P(A\overline{B})=P(A)-P(AB), \tag{1-2}$$

$$P(AB)=P(B|A)P(A)(P(A)>0). \tag{1-3}$$

当然还有一个“杀手锏”，那就是转化为逆事件的概率，即

$$P(A)=1-P(\overline{A}). \tag{1-4}$$

1. 计算问题

(1) 直接计算

【例 1】 设随机事件 A,B 相互独立，且 $P(A\cup B)=0.8$，$P(B-A)=0.3$，则 $P(\overline{A}|\overline{B})=$________.

【分析】本例要求的是条件概率 $P(\overline{A}|\overline{B})$. 向式(1-3)“求助”，则

$$P(\overline{A}\mid\overline{B})=\frac{P(\overline{A}\,\overline{B})}{P(\overline{B})}.$$

再“求助”于式(1—4)，便可知 $P(\overline{A}\,\overline{B})=1-P(A\cup B)=0.2$，$P(\overline{B})=1-P(B)$. 如此看来，只要求出 $P(B)$，就可“大功告成”.

根据式(1-1)和式(1-2)，由于

$$0.8=P(A\cup B)=P(A)+P(B)-P(AB),$$

$$0.3=P(B-A)=P(B)-P(AB),$$

故 $P(A)=0.5$. 那么，又该如何由 $P(A)$ 求得 $P(B)$ 呢？请不要忽视“A,B 相互独立”这个条件. 根据随机事件的独立性的定义，$P(AB)=P(A)P(B)$，故由

$$0.3=P(B-A)=P(B)-P(AB)=P(B)-P(A)P(B)=0.5P(B)$$

可知 $P(B)=0.6$.

于是，

$$P(\overline{A}\mid\overline{B})=\frac{P(\overline{A}\,\overline{B})}{P(\overline{B})}=\frac{1-P(A\cup B)}{1-P(B)}=0.5.$$

【题外话】

(i) 根据逆事件的对偶律，本例中 $\overline{A}\,\overline{B}$ 的逆事件为 $A\cup B$.

(ii) 本例是将加法公式、减法公式、乘法公式，以及逆事件的概率和事件的独立性相综合的计算问题，但是所求的只是关于两个事件 A,B 的概率. 那么，若面对三个事件 A,B,C，是否能求出与之相关的概率呢？请看例 2.

【例 2】 (2012 年考研题)设 A,B,C 是随机事件，A 与 C 互不相容，$P(AB)=\dfrac{1}{2}$，$P(C)=\dfrac{1}{3}$，则 $P(AB|\overline{C})=$________.

【解】 $P(AB|\overline{C})=\dfrac{P(AB\overline{C})}{P(\overline{C})}=\dfrac{P(AB)-P(ABC)}{1-P(C)}$.

由于 A 与 C 互不相容，故 $AC=\varnothing$，从而 $P(AC)=0$. 又由于 $ABC\subset AC$，故由

$$0\leqslant P(ABC)\leqslant P(AC)=0$$

可知 $P(ABC)=0$.

于是，$P(AB|\overline{C})=\dfrac{P(AB)-P(ABC)}{1-P(C)}=\dfrac{\dfrac{1}{2}}{1-\dfrac{1}{3}}=\dfrac{3}{4}$.

【题外话】

(i) 本例把事件 AB 看作整体来对 $P(AB\overline{C})$ 用减法公式(1-2)，得到

$$P(AB\overline{C})=P(AB-C)=P(AB)-P(ABC).$$

(ii) 本例告诉我们，**若 $P(A)=0$，则事件 A 与任何事件的积事件的概率都为零**，比如

$$P(AB)=P(AC)=P(ABC)=0.$$

(2) 根据方程计算

【例 3】 (2000 年考研题)设两个相互独立的事件 A 和 B 都不发生的概率为 $\dfrac{1}{9}$，A 发生 B 不发生的概率与 B 发生 A 不发生的概率相等，则 $P(A)=$________.

【解】 由于 $P(A\overline{B})=P(B\overline{A})$，故 $P(A)-P(AB)=P(B)-P(AB)$，从而 $P(A)=P(B)$.

由 $P(\overline{A}\,\overline{B})=\dfrac{1}{9}$ 可知 $P(A\cup B)=1-P(\overline{A}\,\overline{B})=\dfrac{8}{9}$，即

$$P(A)+P(B)-P(AB)=P(A\cup B)=\frac{8}{9}.$$

又由于 A,B 相互独立，故 $P(AB)=P(A)P(B)$，从而由 $P(A)=P(B)$ 又可知

$$2P(A)-[P(A)]^2=P(A)+P(B)-P(AB)=\frac{8}{9},$$

解得 $P(A)=\dfrac{2}{3}$.

【题外话】

(i) 本例告诉我们，$P(A\overline{B})=P(B\overline{A})$ 是 $P(A)=P(B)$ 的充分必要条件.

(ii) 不同于例 1 和例 2，本例所要求的概率 $P(A)$ 是通过解方程

$$2P(A)-[P(A)]^2=\frac{8}{9}$$

求得. 此外，本例也可按如下解法：由于 A,B 独立，故 $\overline{A},\overline{B}$ 独立，从而

$$\frac{1}{9}=P(\overline{A}\,\overline{B})=P(\overline{A})P(\overline{B}).$$

于是解方程

$$[1-P(A)]^2=\frac{1}{9}$$

也能得到 $P(A)=\frac{2}{3}$.

2. 证明问题

(1) 证明概率等式

【例 4】 设 A,B 为随机事件，且 $P(B)>0$，$P(A|B)=1$，证明 $P(A\cup\overline{B})=1$.

【证】 由 $1=P(A|B)=\dfrac{P(AB)}{P(B)}$ 可知 $P(B)=P(AB)$.

因此，$P(A\cup\overline{B})=P(A)+P(\overline{B})-P(A\overline{B})=P(A)+[1-P(B)]-[P(A)-P(AB)]=1$.

【例 5】 设 A,B 为随机事件，且 $0<P(A)<1$，$0<P(B)<1$，证明 $P(B|A)=P(B|\overline{A})$ 的充分必要条件是 $P(A|B)=P(A|\overline{B})$.

【分析】 面对 $P(B|A)=P(B|\overline{A})$ 这个简短的等式，不妨利用式(1-3)、式(1-2)和式(1-4)将其“延伸”成

$$\frac{P(AB)}{P(A)}=P(B\mid A)=P(B\mid\overline{A})=\frac{P(\overline{A}B)}{P(\overline{A})}=\frac{P(B)-P(AB)}{1-P(A)}.$$

这无异于

$$P(AB)[1-P(A)]=P(A)[P(B)-P(AB)],$$

即

$$P(AB)-P(A)P(AB)=P(A)P(B)-P(A)P(AB). \tag{1-5}$$

于是，等式又“缩短”为

$$P(AB)=P(A)P(B). \tag{1-6}$$

而 $P(A|B)=P(A|\overline{B})$ 与 $P(B|A)=P(B|\overline{A})$“长相”接近，这意味着要“原路返回”，再将式(1-6)“延伸”成与式(1-5)“长相”接近的等式. 如何“延伸”呢？只需在式(1-6)两边同时减去 $P(B)P(AB)$ 即可.

【证】 $P(B|A)=P(B|\overline{A})\Leftrightarrow\dfrac{P(AB)}{P(A)}=\dfrac{P(B)-P(AB)}{1-P(A)}$

$$\Leftrightarrow P(AB)-P(A)P(AB)=P(A)P(B)-P(A)P(AB)$$

$$\Leftrightarrow P(AB)=P(A)P(B)$$

$$\Leftrightarrow P(AB)-P(B)P(AB)=P(A)P(B)-P(B)P(AB)$$

$$\Leftrightarrow\frac{P(AB)}{P(B)}=\frac{P(A)-P(AB)}{1-P(B)}$$

$$\Leftrightarrow P(A|B)=P(A|\overline{B}).$$

【题外话】本例告诉我们，$P(B|A)=P(B|\overline{A})$和$P(A|B)=P(A|\overline{B})$都是A,B独立的充分必要条件.

(2) 证明概率不等式

【例6】 设A,B为随机事件.

(1) 证明$P(AB)\geqslant P(A)+P(B)-1$；

(2) 若$P(B)>0$，证明$P(AB)\leqslant\dfrac{P(A)+P(A|B)}{2}$.

【证】(1) 由

$$P(A)+P(B)-P(AB)=P(A\cup B)\leqslant 1$$

得$P(AB)\geqslant P(A)+P(B)-1$.

(2) 由于$AB\subset A$，故$P(AB)\leqslant P(A)$.

又由于$P(AB)=P(A|B)P(B)$，而$P(B)\leqslant 1$，故$P(AB)\leqslant P(A|B)$.

综上所述，$P(AB)\leqslant\dfrac{P(A)+P(A|B)}{2}$.

【题外话】

(i) 纵观本例，**证明随机事件的概率不等式主要有以下两个思路：**

① 利用概率的有界性，即$0\leqslant P(A)\leqslant 1$；

② 利用事件的包含关系，即由$A\subset B$可知$P(A)\leqslant P(B)$.

(ii) 本例所证明的两个不等式的左边都是$P(AB)$. 而事实上，$P(AB)$是$P(A\cup B)$、$P(A\overline{B})$和$P(B|A)$之间的“桥梁”，它将随机事件的概率的“五大公式”中的前三个公式——加法公式、减法公式和乘法公式都联系在了一起(如图1-3所示).

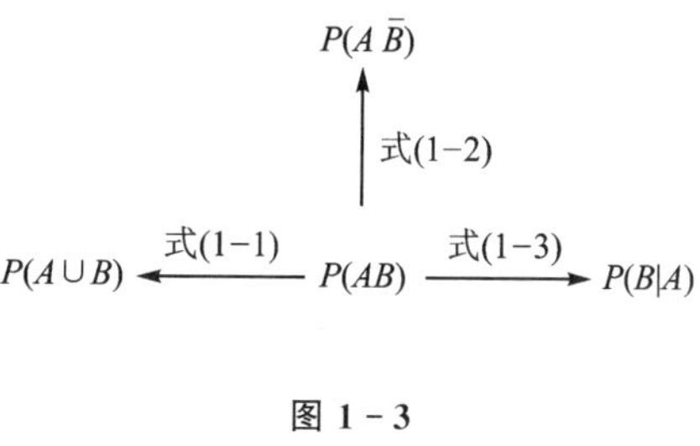

图1-3

如果说随机事件的概率的抽象性问题大体上只需要借助这三个公式就能解决，那么它的应用性问题则往往更复杂、也更灵活. 让我们一探究竟.

问题2　随机事件的概率的应用

问题研究

1. 古典概型问题

> **题眼探索**　在随机事件的概率的应用性问题中，最简单的就是求等可能事件的概率. 如果随机试验E共有n个等可能的结果，并且事件A恰好包含其中的k个结果，那么

$$P(A)=\frac{k}{n},$$

而这样的随机试验 E 称为古典概型.求古典概型 E 的概率 $P(A)$ 的关键,在于能够分别正确求出 E 的可能结果总数 n 和 A 所包含的可能结果数 k.

【例 7】

(1) 箱中装有 10 个零件,其中 8 件正品.现对这箱零件进行质量检测,有放回地随机抽取 2 个零件,则所抽取的 2 个零件中恰有 1 件正品的概率为________;

(2) 箱中装有 10 个零件,其中 8 件正品.现将这箱零件随机地分装在 2 个小箱中,使得每个小箱都装有 5 个零件,则每个小箱中都恰好装有 4 件正品的概率为________.

【解】

(1) 所求概率为 $\frac{2\times 8\times 2}{10\times 10}=\frac{8}{25}$.

(2) 所求概率为 $\frac{C_8^4 C_2^1}{C_{10}^5}=\frac{5}{9}$.

【题外话】求古典概型的概率常用到排列数和组合数:

(i) 从 n 个不同的元素中,任取 $m(m\leqslant n)$ 个元素,按照一定的顺序排成一列,叫做从 n 个不同的元素中取出 m 个元素的一个排列.所有排列的个数叫做排列数,记作 P_n^m(或 A_n^m),并且

$$P_n^m=n(n-1)(n-2)\cdots(n-m+1)=\frac{n!}{(n-m)!};$$

(ii) 从 n 个不同的元素中,任取 $m(m\leqslant n)$ 个元素并成一组,叫做从 n 个不同的元素中取出 m 个元素的一个组合.所有组合的个数叫做组合数,记作 C_n^m,并且

$$C_n^m=\frac{P_n^m}{P_m^m}=\frac{n(n-1)(n-2)\cdots(n-m+1)}{m!}=\frac{n!}{m!\,(n-m)!}.$$

2. 几何概型问题

题眼探索 与古典概型一样,几何概型也具有某种等可能性.假设 S 为可度量的有界区域,并且点落在 S 内任何区域的概率与该区域的几何度量成正比,则在 S 内随机地取一点,该点落在包含于 S 的可度量的区域 A 内的概率为

$$\frac{A\text{ 的几何度量}}{S\text{ 的几何度量}}.$$

其中,S 和 A 的几何度量可能为长度、面积或体积,但往往更多的是面积.而几何概型既适用于几何问题,也可以将一些代数背景下的概率转化为几何概型的概率来求.

(1) 几何背景

【例 8】 (1991 年考研题)随机地向半圆 $0<y<\sqrt{2ax-x^2}$(a 为正常数)内掷一点,点落在半圆内任何区域的概率与该区域的面积成正比,则原点和该点的连线与 x 轴的夹角小

于$\frac{\pi}{4}$的概率为________.

【解】如图 1 - 4 所示，由于半圆 $0<y<\sqrt{2ax-x^2}$ 的面积为 $\frac{\pi a^2}{2}$，又曲线 $y=\sqrt{2ax-x^2}$，直线 $y=x$ 及 x 轴所围成的平面区域(图中阴影部分)的面积为$\frac{1}{2}a^2+\frac{1}{4}\pi a^2$，故所求概率为$\dfrac{\frac{1}{2}a^2+\frac{1}{4}\pi a^2}{\frac{1}{2}\pi a^2}=\frac{1}{\pi}+\frac{1}{2}$.

(2) 代数背景

【例 9】 在区间(0,1)中随机地取两个数，则这两个数之和大于$\frac{1}{2}$的概率为________.

【分析】如何把本例的代数问题转化为几何概型的概率呢？设所取的两个数为 x，y，如果不将 x 和 y 孤立地看作两个数，而是将(x,y)看作平面直角坐标系下的一个点，那么本例则由代数背景“切换”到了几何背景. 在区域

$$S=\{(x,y)\mid 0<x<1,0<y<1\}$$

内随机地取一点，求该点落在区域

$$A=\left\{(x,y)\middle| 0<x<1,0<y<1,x+y>\frac{1}{2}\right\}$$

内的概率. 参看图 1 - 5，由于区域 S 的面积为 1，而区域 A(图中阴影部分)的面积为 $1-\left(\frac{1}{2}\right)^3=\frac{7}{8}$，故所求概率为$\frac{7}{8}$.

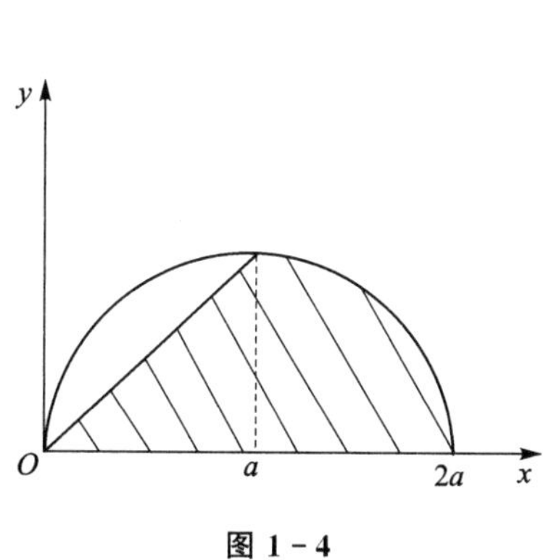

图 1 - 4

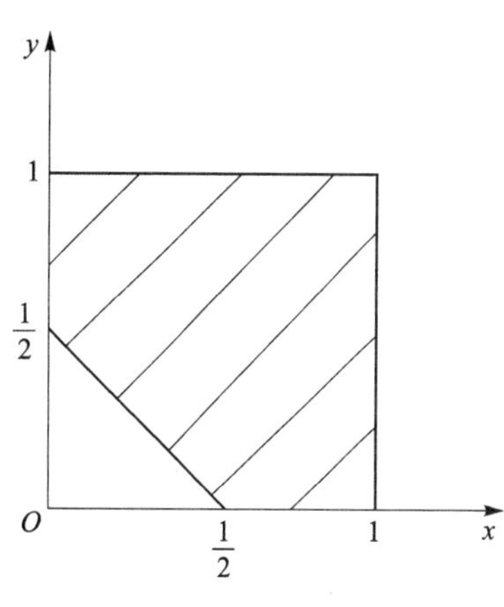

图 1 - 5

3. 伯努利概型问题

题眼探索 什么是伯努利概型呢？只有事件 A 发生(可看作试验成功)和事件 $\overline{A}$ 发生(可看作试验失败)两个可能结果的随机试验称为伯努利试验，而 n 次独立重复的伯努利试验称为 n 重伯努利概型. **判断一个随机试验是否为伯努利试验的依据是它是否只有两个对立的结果.**

【例 10】 为了选取最好的成绩，李明独立重复地参加大学英语四级考试，以他的英语水平每次考试通过的概率为 $\frac{2}{3}$，则第 4 次考试恰好是他第 2 次通过的概率为________.

【分析】 显然，“李华参加大学英语四级考试”可看作一个伯努利试验，这是因为它只有“考试通过”(可看作试验成功)和“考试不通过”(可看作试验失败)两个对立的结果. 那么，“第 4 次考试恰好是他第 2 次通过”说明这个伯努利试验分别成功和失败了几次呢？各2 次. 而值得注意的是，由于第 1 次试验成功可能发生在前 3 次试验中的任一次，所以有 3 种不同的可能. 因此，所求概率为

$$3\left(\frac{2}{3}\right)^2\left(1-\frac{2}{3}\right)^2=\frac{4}{27}.$$

4. 五大公式的应用

题眼探索 其实，求古典概型、几何概型和伯努利概型的概率都只是“小试牛刀”，而对于更复杂的随机事件，则需要利用加法公式、减法公式、乘法公式、全概率公式或贝叶斯公式来求概率. **利用这“五大公式”求概率的前提是要能够根据题目的现实背景合理地“设事件”.** 当然，事件的设法与公式的选择是密不可分的. 那么，究竟该如何选用这“五大公式”呢？请看例 11.

【例 11】

(1) 甲、乙两人独立地对同一目标射击一次，其命中率分别为 0.6 和 0.5，则两人中至少一人射中的概率为________；

(2) 甲、乙两人任选一人对同一目标射击一次，其命中率分别为 0.6 和 0.5，则目标被甲射中的概率为________；

(3) (1989 年考研题)甲、乙两人独立地对同一目标射击一次，其命中率分别为 0.6 和 0.5，现已知目标被命中，则它是甲射中的概率为________；

(4) 甲、乙两人任选一人对同一目标射击一次，其命中率分别为 0.6 和 0.5，现已知目标被命中，则它是甲射中的概率为________.

【解】

(1) 设 $A_1=\{$甲射中目标$\}$，$A_2=\{$乙射中目标$\}$，则 $P(A_1)=0.6$，$P(A_2)=0.5$.

法一： $P(A_1\cup A_2)=P(A_1)+P(A_2)-P(A_1A_2)=P(A_1)+P(A_2)-P(A_1)P(A_2)=0.8$.

法二：$P(A_1\cup A_2)=1-P(\overline{A_1}\ \overline{A_2})=1-P(\overline{A_1})P(\overline{A_2})=1-0.4\times0.5=0.8$.

(2) 设 $B_1=\{$选甲射击目标$\}$，$B_2=\{$选乙射击目标$\}$，$C=\{$目标被射中$\}$，则

$$P(C\mid B_1)=0.6,P(C\mid B_2)=0.5.$$

$$P(B_1C)=P(C\mid B_1)P(B_1)=0.6\times0.5=0.3.$$

(3) $P(A_1|A_1\cup A_2)=\dfrac{P(A_1)}{P(A_1\cup A_2)}=\dfrac{0.6}{0.8}=0.75$.

(4) $P(B_1|C)=\dfrac{P(C|B_1)P(B_1)}{P(C|B_1)P(B_1)+P(C|B_2)P(B_2)}=\dfrac{0.6\times0.5}{0.6\times0.5+0.5\times0.5}=\dfrac{6}{11}$.

【题外话】纵观本例，利用“五大公式”来解决随机事件的概率的应用性问题应注意以下四个方面：

(i) **正面做与反面做**. 本例(1)的“法一”采用“正面做”的方法，直接求出和事件的概率；而“法二”则采用“反面做”的方法，转化为其逆事件的概率来求.

就本例(1)而言，“正面做”与“反面做”的计算量相差无几. 但是，本例(1)可作如下修改：

甲、乙、丙三人独立地对同一目标射击一次，其命中率分别为 0.6，0.5，0.7，则三人中至少一人射中的概率为________.

此时，采用“反面做”的方法则会比“正面做”方便许多：

设 $A_1=\{$甲射中目标$\}$，$A_2=\{$乙射中目标$\}$，$A_3=\{$丙射中目标$\}$，则

$$P(A_1)=0.6,$$

$$P(A_2)=0.5,P(A_3)=0.7.$$

$$\begin{aligned}P(A_1\cup A_2\cup A_3)&=1-P(\overline{A_1}\,\overline{A_2}\,\overline{A_3})=1-P(\overline{A_1})P(\overline{A_2})P(\overline{A_3})\\&=1-0.4\times0.5\times0.3=0.94.\end{aligned}$$

(ii) **独立的积事件与不独立的积事件**. 本例(1)中，由于 A_1，A_2 独立，故可根据随机事件的独立性的定义，通过

$$P(A_1A_2)=P(A_1)P(A_2)$$

来求积事件 A_1A_2 的概率；而对于本例(2)，由于没有“B_1，C 独立”的条件，故只能根据乘法公式，通过

$$P(B_1C)=P(C\mid B_1)P(B_1)$$

来求积事件 B_1C 的概率.

(iii) **积事件的概率与条件概率**. 本例(3)和(4)所求的是条件概率，而本例(2)所求的“目标被甲射中”的概率，其实无异于求“选甲射击目标且目标被射中”的概率，应看作积事件 B_1C 的概率来求，切莫误以为是条件概率. 一般情况下，若所求的概率应看作条件概率来求，则题目往往会给予提示，比如“已知……，求……的概率”“如果……，求……的概率”“若……，求……的概率”“在……的条件下，求……的概率”，等等.

(iv) **样本空间有划分与无划分**. 本例(3)和(4)所要求的概率一模一样，但是其求法却截然不同. 为什么呢？这恐怕要归因于“独立地对同一目标射击”和“任选一人对同一目标射击”这两个不同的条件.“任选一人”则意味着应把样本空间等可能地划分为 $B_1=\{$选甲射击目标$\}$和 $B_2=\{$选乙射击目标$\}$，故本例(4)应选用贝叶斯公式来求概率. 事实上，这两个不同的条件也是本例(1)和(3)与本例(2)和(4)的“分水岭”，使得其在事件的设法上就存在着天壤之别.

本例(4)要能够想到贝叶斯公式,其关键在于要能够想到划分样本空间.在随机事件的概率的“五大公式”中,前三个公式在问题1中就已频繁地与我们“打交道”,而对于涉及到划分样本空间的全概率公式和贝叶斯公式,却似乎有些“陌生”.关于它们的使用,让我们再看一道例题.

【例12】 第一个盒中有2个白球、3个黑球;第二个盒中有1个白球、2个黑球.现从第一个盒中随机地取出2个球放入第二个盒中,然后从第二个盒中随机地取出1个球.

(1)求从第二个盒中取得白球的概率;

(2)若从第二个盒中取得白球,求先前从第一个盒中取出的2个球都是黑球的概率.

【分析】本例是否应划分样本空间呢?请注意“从第一个盒中随机地取出2个球放入第二个盒中”这个条件,取出的2个球有3种不同的可能:

① 从第一个盒中取得2个白球;

② 从第一个盒中取得2个黑球;

③ 从第一个盒中取得1个白球、1个黑球.

因为这3种不同的可能会影响从第二个盒中取得白球的可能性,所以需要以此来划分样本空间.既然这样,那么对于全概率公式和贝叶斯公式的使用,也就是“水到渠成”的事情了.

【解】设$B_1=\{$从第一个盒中取得2个白球$\}$,$B_2=\{$从第一个盒中取得2个黑球$\}$,$B_3=\{$从第一个盒中取得1个白球、1个黑球$\}$,$A=\{$从第二个盒中取得白球$\}$,则

$$P(B_1)=\frac{C_2^2}{C_5^2}=\frac{1}{10},\quad P(B_2)=\frac{C_3^2}{C_5^2}=\frac{3}{10},\quad P(B_3)=\frac{C_2^1C_3^1}{C_5^2}=\frac{3}{5},$$

且

$$P(A\mid B_1)=\frac{3}{5},\quad P(A\mid B_2)=\frac{1}{5},\quad P(A\mid B_3)=\frac{2}{5}.$$

(1) $P(A)=P(A|B_1)P(B_1)+P(A|B_2)P(B_2)+P(A|B_3)P(B_3)=\dfrac{9}{25}$.

(2) $P(B_2|A)=\dfrac{P(A|B_2)P(B_2)}{P(A)}=\dfrac{1}{6}$.

【题外话】

(i) 关于全概率公式

$$P(A)=P(A\mid B_1)P(B_1)+P(A\mid B_2)P(B_2)+\cdots+P(A\mid B_n)P(B_n)$$

和贝叶斯公式

$$P(B_i\mid A)=\frac{P(A\mid B_i)P(B_i)}{P(A\mid B_1)P(B_1)+P(A\mid B_2)P(B_2)+\cdots+P(A\mid B_n)P(B_n)}$$
$$(i=1,2,\cdots,n)$$

在随机事件的概率的应用性问题中的使用,主要围绕着以下两个问题:

① **如何想到使用.** 关键在于要能够想到划分样本空间.为什么要划分样本空间呢?其实是因为在事件$B_1,B_2,\cdots,B_n$的条件下,事件A都有可能发生,并且$P(A|B_1),P(A|B_2),\cdots,P(A|B_n)$各不相同.因此,划分样本空间就是根据题目的现实背景,发现完备事件组$B_1,B_2,\cdots,B_n$,而它们的发生会影响A发生的可能性.

② **如何正确使用.** 关键在于能够正确地得到

$$P(B_1),P(B_2),\cdots,P(B_n)$$

和

$$P(A\mid B_1),P(A\mid B_2),\cdots,P(A\mid B_n)$$

这两组概率,并且前者之和必为1.就本例而言,所求的这两组概率都是简单的古典概型的概率.

(ii) 对于本例,如果用 X 表示从第一个盒中取得白球的个数,Y 表示之后从第二个盒中取得白球的个数,那么 $P(B_1),P(B_2),P(B_3)$ 可分别表示为 $P\{X=2\},P\{X=0\},P\{X=1\}$,并且本例(1)和本例(2)所求的概率也可分别用 $P\{Y=1\}$ 和 $P\{X=0|Y=1\}$ 来表示.显然,这比用随机事件 B_1,B_2,B_3,A 来表示概率更简洁明了!而这样的 X 和 Y 可看作两个随机变量,并且 $P\{Y=1\}$ 和 $P\{X=0|Y=1\}$ 分别可看作一维随机变量 Y 和二维随机变量 (X,Y) 的概率.随机变量的出现为概率论的"探索之旅"翻开了崭新的一页.

实战演练

一、选择题

1. 设随机事件 A,B 互不相容,则(　　)

(A) $P(\overline{A}\,\overline{B})=0$.　　(B) $P(AB)=P(A)P(B)$.

(C) $P(A)=1-P(B)$.　　(D) $P(\overline{A}\cup\overline{B})=1$.

2. 设 A,B 为随机事件,且 $P(B)>0,P(A|B)=1$,则必有(　　)

(A) $P(A\cup B)>P(A)$.　　(B) $P(A\cup B)>P(B)$.

(C) $P(A\cup B)=P(A)$.　　(D) $P(A\cup B)=P(B)$.

二、填空题

3. 设 $P(A\cup B)=0.8,P(B)=0.4$,则 $P(A|\overline{B})=$________.

4. 设两两相互独立的三事件 A,B,C 满足条件:$ABC=\varnothing,P(A)=P(B)=P(C)<\dfrac{1}{2}$ 且已知 $P(A\cup B\cup C)=\dfrac{9}{16}$,则 $P(A)=$________.

5. 在区间(0,1)中随机地取两个数,则这两个数之差的绝对值小于 $\dfrac{1}{2}$ 的概率为________.

6. 一射手对同一目标独立地进行4次射击,若至少命中一次的概率为 $\dfrac{80}{81}$,则该射手的命中率为________.

7. 假设10本图书中政治、英语、数学书各5本、3本、2本,从中随意取出一本书,已知不是数学书,则取到的是政治书的概率为________.

8. 设甲厂和乙厂的产品的次品率分别为1%和2%,现从由甲厂和乙厂的产品分别占60%和40%的一批产品中随机抽取一件,若发现是次品,则该次品属甲厂生产的概率是________.

9. 袋中有50个乒乓球,其中20个是黄球,30个是白球,今有两人依次随机地从袋中各取一球，取后不放回，则第二个人取得黄球的概率是________.

三、解答题

10. 假设有两箱同种零件：第一箱内装 50 件，其中 10 件一等品；第二箱内装 30 件，其中 18 件一等品. 现从两箱中随意挑出一箱，然后从该箱中先后随机取两个零件（取出的零件均不放回）. 试求：

（1）先取出的零件是一等品的概率 p；

（2）在先取的零件是一等品的条件下，第二次取出的零件仍然是一等品的条件概率 q.

第二章　一维随机变量及其分布

问题 1　分布律、分布函数与概率密度的相关问题

问题 2　一维随机变量的概率问题

问题 3　随机变量的函数的分布问题

第二章　一维随机变量及其分布

抛砖引玉

【引例】 期末考试过后，小明查询到他概率论与数理统计课程的成绩：平时成绩为 100 分，期中成绩为 80 分，期末成绩为 40 分，并且平时、期中、期末成绩分别占总评成绩的 0.1，0.2，0.7.

小明的各项成绩可以用**随机变量** X（单位：分）来表示，那么 X 就有 100，80，40 这三个取值，并且不妨认为

$$P\{X=100\}=0.1, P\{X=80\}=0.2, P\{X=40\}=0.7.$$

于是便可将 X 的取值，以及 X 取各个值的概率表示如下：

X	100	80	40
P	0.1	0.2	0.7

这称为随机变量 X 的**分布律**.

那么，能否根据 X 的分布律来求概率 $P\{X\leqslant x\}(-\infty<x<+\infty)$呢？

【分析与解答】 可以通过求 X 取小于等于 x 的每个值的概率之和来求 $P\{X\leqslant x\}$.

如图 2-1 所示：

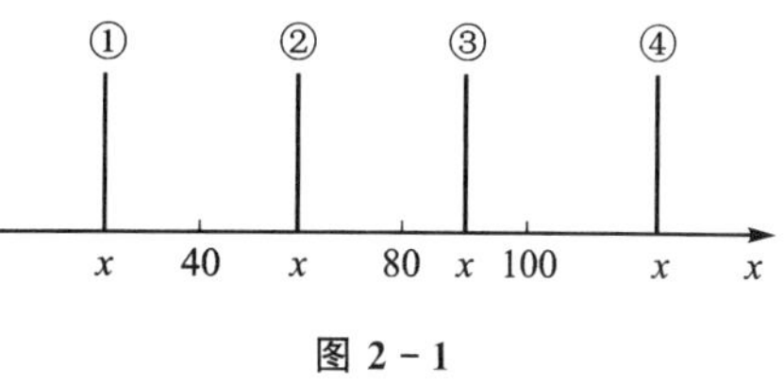

图 2-1

① 当 $x<40$ 时，由于在 X 所能取到的小于等于 x 的值中，并没有概率不为零的值，故

$$P\{X\leqslant x\}=0;$$

② 当 $40\leqslant x<80$ 时，由于在 X 所能取到的小于等于 x 的值中，只有 40 这一个概率不为零的值，故

$$P\{X\leqslant x\}=P\{X=40\}=0.7;$$

③ 当 $80\leqslant x<100$ 时，由于在 X 所能取到的小于等于 x 的值中，有 40 和 80 这两个概率不为零的值，故

$$P\{X\leqslant x\}=P\{X=40\}+P\{X=80\}=0.7+0.2=0.9;$$

④ 当 $x\geqslant 100$ 时，由于在 X 所能取到的小于等于 x 的值中，有 40，80 和 100 这三个概率不为零的值，故

$$P\{X\leqslant x\}=P\{X=40\}+P\{X=80\}+P\{X=100\}=0.7+0.2+0.1=1.$$

因此，得到了以 x 为自变量的函数

$$F(x)=P\{X\leqslant x\}=\begin{cases}0, & x<40,\\ 0.7, & 40\leqslant x<80,\\ 0.9, & 80\leqslant x<100,\\ 1, & x\geqslant 100.\end{cases}$$

它称为 X 的**分布函数**,并且其图形如图 2-2 所示.

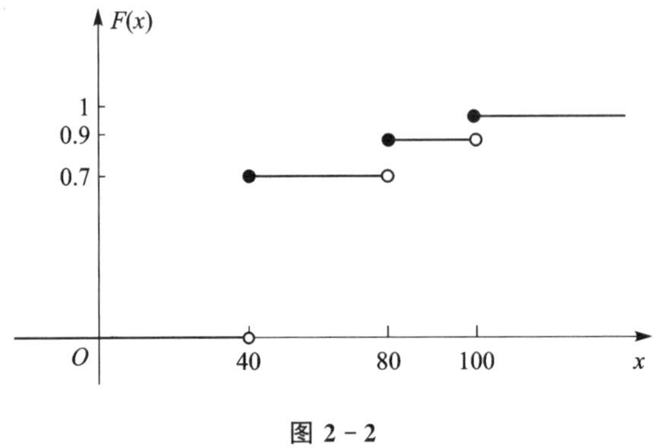

图 2-2

如果说随机变量 X 的分布律描述了 X 取各个值的概率,那么 X 的分布函数则描述了 X 不大于任意一个数的概率.

问题 1 分布律、分布函数与概率密度的相关问题

知识储备

1. 随机变量

设随机试验的样本空间为 $S=\{e\}$,则定义在样本空间 S 上的实值单值函数 $X=X(e)$ 称为随机变量.

【注】 如图 2-3 所示,随机变量是以样本空间 S 为定义域,实数集 $\mathbf{R}$ 的子集为值域的特殊的函数.例如,抛一枚硬币观察正反面出现的情况,则可定义随机变量

$$X=\begin{cases}1, & \text{硬币正面朝上},\\ 0, & \text{硬币反面朝上}.\end{cases}$$

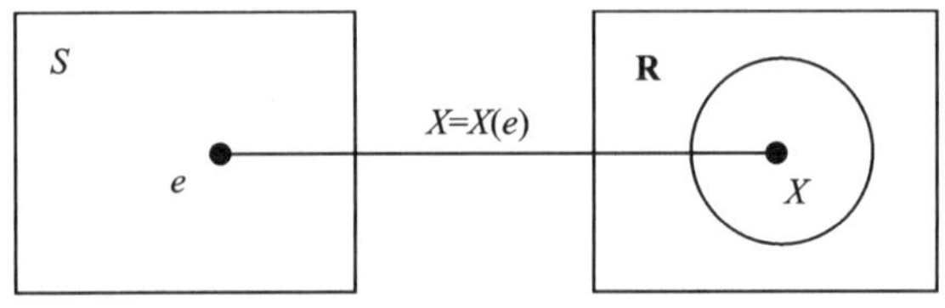

图 2-3

2. 分布函数

(1) 分布函数的概念

设 X 是一个随机变量，x 是任意实数，则称函数

$$F(x)=P\{X\leqslant x\},\quad -\infty<x<+\infty$$

为 X 的分布函数.

(2) 分布函数的性质

分布函数 $F(x)$ 具有以下性质(可参看图 2-2)：

① $0\leqslant F(x)\leqslant 1$，且 $\lim\limits_{x\to-\infty}F(x)=0$，$\lim\limits_{x\to+\infty}F(x)=1$；

② 单调不减；

③ 右连续，即对于任一点 x_0，有 $\lim\limits_{x\to x_0^+}F(x)=F(x_0)$.

3. 分布律与概率密度

(1) 离散型随机变量及其分布律

若随机变量 X 全部可能取到的值是有限个或可列无限多个，则称 X 为离散型随机变量. 设离散型随机变量 X 所有可能取的值为 $x_1,x_2,\cdots,x_n,\cdots$，则称

$$P\{X=x_i\}=p_i,\quad i=1,2,\cdots$$

为 X 的分布律(或概率分布)，也可用表格的形式

X	x_1	x_2	$\cdots$	x_n	$\cdots$
P	p_1	p_2	$\cdots$	p_n	$\cdots$

或矩阵的形式

$$X\sim\begin{pmatrix}x_1 & x_2 & \cdots & x_n & \cdots\\ p_1 & p_2 & \cdots & p_n & \cdots\end{pmatrix}$$

来表示.

(2) 连续型随机变量及其概率密度

若对于随机变量 X 的分布函数 $F(x)$，存在非负可积函数 $f(x)$，使对于任意实数 x 有

$$F(x)=\int_{-\infty}^{x}f(t)\mathrm{d}t,$$

则称 X 为连续型随机变量，$f(x)$ 称为 X 的概率密度.

【注】 其实，**离散型随机变量的分布律与连续型随机变量的概率密度"扮演着相同的角色"**. 分布律(probability mass function) $P\{X=x_i\}$ 描述了离散型随机变量 X 取各个值 $x_1,x_2,\cdots,x_n,\cdots$ 的概率；而连续型随机变量 X 的概率密度(probability density function) $f(x)$ 可看作描述了 X 取 x 的可能性随着 x 的变化而变化的情况.

在求离散型随机变量 X 的分布函数时，只要求出 X 取小于等于 x 的每个值的概率之和 $\sum\limits_{x_i\leqslant x}P\{X=x_i\}$，那么就能够得到 $F(x)=P\{X\leqslant x\}$. 而对于连续型随机变量 X，因为 X 的

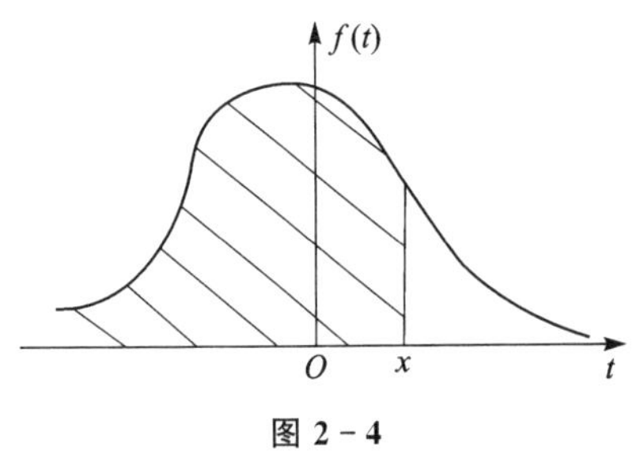

图 2－4

取值无法一一列出，难以再去计算 X 取小于等于 x 的每个值的概率之和，所以只能通过求 X 的概率密度 $f(t)$ 在区间 $(-\infty, x]$ 上与 t 轴围成的面积（如图 2－4 所示），即 $\int_{-\infty}^{x} f(t)\mathrm{d}t$，来求 X 的分布函数. 参看表 2－1，便能更好地理解分布律、概率密度，以及它们各自与分布函数之间的关系.

表 2－1

分　布	离散型随机变量	连续型随机变量
分布律或概率密度	$P\{X=x_i\}, i=1,2,\cdots$	$f(x)=F'(x)$
分布函数	$F(x)=P\{X\leqslant x\}=\sum\limits_{x_i\leqslant x} P\{X=x_i\}$，$-\infty<x<+\infty$	$F(x)=P\{X\leqslant x\}=\int_{-\infty}^{x} f(t)\mathrm{d}t$，$-\infty<x<+\infty$

此外，也正是由于离散型随机变量的分布律与连续型随机变量的概率密度“扮演着相同的角色”，所以它们都有类似的非负性和归一性（见表 2－2）.

(3) 分布律与概率密度的性质

分布律 $P\{X=x_i\}$ 与概率密度 $f(x)$ 的性质如表 2－2 所列.

表 2－2

分布律的性质	概率密度的性质
①（非负性）$P\{X=x_i\}\geqslant 0$； ②（归一性）$\sum\limits_{i=1}^{+\infty} P\{X=x_i\}=1$.	①（非负性）$f(x)\geqslant 0$； ②（归一性）$\int_{-\infty}^{+\infty} f(x)\mathrm{d}x=1$.

问题研究

1. 判断问题

题眼探索　在随机变量问题中，有三个至关重要的概念，那就是分布律、分布函数和概率密度. 就其中的分布函数和概率密度而言，是不是任何一个函数都能作为某一随机变量的分布函数或概率密度呢？并非如此. 要判断一个函数是否为某一随机变量的分布函数或概率密度，可根据它们各自的性质：

1°判断 $F(x)$ 能否作为分布函数，应验证其是否同时满足

① $0\leqslant F(x)\leqslant 1$；

② 单调不减；

③ 右连续.

2°判断 $f(x)$ 能否作为概率密度,应验证其是否同时满足:

① (非负性) $f(x)\geqslant 0$;

② (归一性) $\int_{-\infty}^{+\infty} f(x)\mathrm{d}x=1$.

【例 1】 下列必为某一随机变量的分布函数的是(　　)

(A) $F(x)=\begin{cases} e^{x}, & x\geqslant 0, \\ 0, & x<0. \end{cases}$　　(B) $F(x)=\begin{cases} e^{-x}, & x\geqslant 0, \\ 0, & x<0. \end{cases}$

(C) $F(x)=\begin{cases} 0, & x<0, \\ x, & 0\leqslant x\leqslant 1, \\ 1, & x>1. \end{cases}$　　(D) $F(x)=\begin{cases} 0, & x<0, \\ \dfrac{1}{2}, & 0\leqslant x\leqslant 1, \\ 1, & x>1. \end{cases}$

【解】 由于(A)选项不满足 $0\leqslant F(x)\leqslant 1$,(B)选项不满足单调不减,(D)选项不满足右连续($\lim\limits_{x\to 1^{+}} F(x)=1\neq F(1)$),而只有(C)选项同时满足 $0\leqslant F(x)\leqslant 1$、单调不减和右连续,故选(C).

【例 2】 若 $f(x)$ 是随机变量 X 的概率密度,则下列必为某一随机变量的概率密度的是(　　)

(A) $f(2x)$.　　(B) $f^{2}(x)$.　　(C) $2xf(x^{2})$.　　(D) $3x^{2}f(x^{3})$.

【解】 由于(A)和(B)两个选项都不满足概率密度的归一性,(C)选项不满足概率密度的非负性,只有(D)选项同时满足概率密度的非负性和归一性,故选(D).

2. 求参问题

题眼探索　如果已知某随机变量的分布函数、概率密度或分布律的表达式,那么不需要任何其他条件,就能够求出其中所含的相应个数的参数. 众所周知,求参数需要列方程,那么方程从哪里来呢? 可以从分布函数、概率密度或分布律的性质中寻找能作为方程的等式:

1°若已知分布函数 $F(x)$ 的表达式,则能列方程组

$$\begin{cases} \lim\limits_{x\to-\infty} F(x)=0, \\ \lim\limits_{x\to+\infty} F(x)=1, \\ \lim\limits_{x\to x_0^{+}} F(x)=F(x_0) \end{cases} \tag{2-1}$$

(x_0 为分段点),从而最多求出其中所含的 3 个参数.

2°若已知概率密度 $f(x)$ 的表达式,则能列方程

$$\int_{-\infty}^{+\infty} f(x)\mathrm{d}x=1, \tag{2-2}$$

从而求出其中所含的 1 个参数.

3°若已知分布律 $P\{X=x_i\}$ 的表达式,则能列方程

$$\sum_{i=1}^{+\infty} P\{X=x_i\}=1,$$

从而求出其中所含的1个参数.

值得注意的是,**不论题中是否有求参数的明确要求,对于含参数的分布函数、概率密度或分布律,都应先将所含参数求出,切莫使答案中再带有参数**(可参看本章例5(1)、例5(2)和例8,以及第四章例4).

【例3】 设随机变量 X 的概率分布为 $P\{X=-1\}=\frac{1}{2}$,$P\{X=1\}=a$,$P\{X=2\}=2a$,则 $a=$________.

【解】 X 的分布律为

X	-1	1	2
P	$\frac{1}{2}$	a	$2a$

由 $\frac{1}{2}+a+2a=1$ 得 $a=\frac{1}{6}$.

3. 互求问题

题眼探索 根据离散型随机变量的分布律与分布函数,或连续型随机变量的概率密度与分布函数之间的关系,可进行互求:

1°若已知离散型随机变量 X 的分布律 $P\{X=x_i\}$,则可通过

$$F(x)=\sum_{x_i \leqslant x} P\{X=x_i\}$$

求出 X 的分布函数 $F(x)$.

2°若已知离散型随机变量 X 的分布函数,则可通过观察法求出 X 的分布律.

3°若已知连续型随机变量 X 的概率密度 $f(x)$,则可通过

$$F(x)=\int_{-\infty}^{x} f(t)\mathrm{d}t$$

求出 X 的分布函数 $F(x)$.

4°若已知连续型随机变量 X 的分布函数 $F(x)$,则可通过

$$f(x)=F'(x)$$

求出 X 的概率密度 $f(x)$.

(1) 分布律与分布函数的互求

【例4】

(1) 已知随机变量 X 的分布律为

X	0	1
P	$\frac{2}{3}$	$\frac{1}{3}$

则 X 的分布函数 $F(x)=$________.

(2) (1991 年考研题)设随机变量 X 的分布函数为

$$F(x)=\begin{cases}0, & x<-1,\\ 0.4, & -1\leqslant x<1,\\ 0.8, & 1\leqslant x<3,\\ 1, & x\geqslant 3,\end{cases}$$

则 X 的概率分布为________.

【解】

(1) 当 $x<0$ 时,$F(x)=\sum\limits_{x_i\leqslant x}P\{X=x_i\}=0$;

当 $0\leqslant x<1$ 时,$F(x)=\sum\limits_{x_i\leqslant x}P\{X=x_i\}=\frac{2}{3}$;

当 $x\geqslant 1$ 时,$F(x)=\sum\limits_{x_i\leqslant x}P\{X=x_i\}=\frac{2}{3}+\frac{1}{3}=1.$

故

$$F(x)=\begin{cases}0, & x<0,\\ \frac{2}{3}, & 0\leqslant x<1,\\ 1, & x\geqslant 1.\end{cases}$$

(2) 由于

$$P\{X=-1\}=0.4, P\{X=1\}=0.8-0.4=0.4, P\{X=3\}=1-0.8=0.2,$$

故 X 的概率分布(分布律)为

X	−1	1	3
P	0.4	0.4	0.2

(2) 概率密度与分布函数的互求

【例 5】

(1) 设连续型随机变量 X 的分布函数为

$$F(x)=\begin{cases}a+\dfrac{b}{(1+x)^2}, & x>0,\\ c, & x\leqslant 0,\end{cases}$$

则 X 的概率密度 $f(x)=$________.

(2) 若随机变量 X 的概率密度 $f(x)$ 在 $[0,1]$ 外恒为零,在 $[0,1]$ 上 $f(x)$ 与 x^2 成正比,则 X 的分布函数为________.

【解】

(1) 由 $\begin{cases}\lim\limits_{x\to-\infty}F(x)=0,\\ \lim\limits_{x\to+\infty}F(x)=1,\\ \lim\limits_{x\to0^+}F(x)=F(0)\end{cases}$ 可知 $\begin{cases}c=0,\\ a=1,\\ a+b=c,\end{cases}$ 解得 $\begin{cases}a=1,\\ b=-1,\\ c=0,\end{cases}$ 故

$$F(x)=\begin{cases}1-\dfrac{1}{(1+x)^2}, & x>0,\\ 0, & x\leqslant 0,\end{cases}$$

从而

$$f(x)=F'(x)=\begin{cases}\dfrac{2}{(1+x)^3}, & x>0,\\ 0, & x\leqslant 0.\end{cases}$$

(2) 由题意,设

$$f(x)=\begin{cases}kx^2, & 0\leqslant x\leqslant 1,\\ 0, & \text{其他}.\end{cases}$$

由 $\int_{-\infty}^{+\infty}f(x)\mathrm{d}x=1$ 可知,$1=\int_0^1 kx^2\mathrm{d}x=\dfrac{k}{3}$,解得 $k=3$,故

$$f(x)=\begin{cases}3x^2, & 0\leqslant x\leqslant 1,\\ 0, & \text{其他}.\end{cases}$$

当 $x<0$ 时, $F(x)=\int_{-\infty}^{x}f(t)\mathrm{d}t=\int_{-\infty}^{x}0\mathrm{d}t=0$;

当 $0\leqslant x<1$ 时, $F(x)=\int_{-\infty}^{x}f(t)\mathrm{d}t=\int_{-\infty}^{0}0\mathrm{d}t+\int_0^x 3t^2\mathrm{d}t=x^3$;

当 $x\geqslant 1$ 时, $F(x)=\int_{-\infty}^{x}f(t)\mathrm{d}t=\int_{-\infty}^{0}0\mathrm{d}t+\int_0^1 3t^2\mathrm{d}t+\int_1^x 0\mathrm{d}t=1$.

故 X 的分布函数为

$$F(x)=\begin{cases}0, & x<0,\\ x^3, & 0\leqslant x<1,\\ 1, & x\geqslant 1.\end{cases}$$

【题外话】

(i) 值得注意的是,应分别根据式(2-1)和式(2-2),先将本例(1)中的参数 a,b,c 和本例(2)中的参数 k 求出,切莫使答案中带有参数.

(ii) 纵观本例,一些高等数学中的问题——求极限、求导数和求积分纷纷"亮相".没错,**连续型随机变量的相关问题常常需要通过高等数学的方法来解决**.而一维连续型随机变量的概率就常常需要通过求积分来求.

问题 2　一维随机变量的概率问题

知识储备

1. 一维连续型随机变量的概率与概率密度之间的关系

设连续型随机变量 X 的概率密度为 $f(x)$，则

$$P\{a \leqslant X \leqslant b\}=\int_a^b f(x)\mathrm{d}x. \tag{2-3}$$

【注】

(i) 由于连续型随机变量 X 的取值无法一一列出，故难以通过计算 X 取区间 $[a,b]$ 上的每个值的概率之和来求 $P\{a\leqslant X\leqslant b\}$，所以将其转化为求 X 的概率密度 $f(x)$ 在 $[a,b]$ 上与 x 轴围成的面积 $\int_a^b f(x)\mathrm{d}x$（如图 2－5 所示）.

(ii) 值得注意的是，**连续型随机变量 X 取任一指定值 a 的概率均为零**，即 $P\{X=a\}=0$. 但这并不意味着事件 $\{X=a\}$ 就是不可能事件. 事实上，**$P(A)=0$ 是 A 为不可能事件的必要非充分条件**. 比如，在长度为 10 的线段上取一点，则根据几何概型，该点落在长度为 3 的子线段 MN 上的概率为 $\frac{3}{10}$（可参看图 2－6）. 那么，该点恰好落在点 M 处的概率又是多少呢？显然是零，虽然 {该点恰好落在点 M 处} 并非不可能事件. 就好比点 M 的长度为零，同样直线 $x=a$ 的面积也为零，因此它们的可能性难以用概率来衡量，只能将零作为它们的概率.

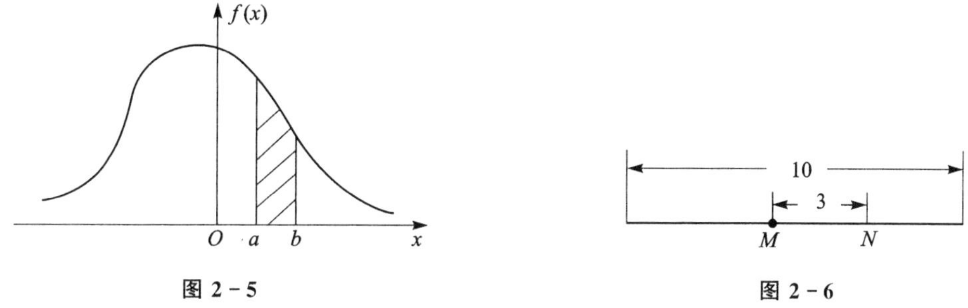

图 2－5　　　　图 2－6

所以，连续型随机变量 X 在区间端点处的概率可以忽略不计，即

$$P\{a \leqslant X \leqslant b\}=P\{a < X \leqslant b\}=P\{a \leqslant X < b\}=P\{a < X < b\}.$$

2. 一维随机变量的概率与分布函数之间的关系

设随机变量 X 的分布函数为 $F(x)$，则

① $P\{a<X\leqslant b\}=P\{X\leqslant b\}-P\{X\leqslant a\}=F(b)-F(a)$；　(2－4)

② $P\{X=a\}=P\{X\leqslant a\}-P\{X<a\}=F(a)-\lim\limits_{x\to a^-}F(x)$.　(2－5)

【注】

(i) 这两个结论对于离散型和连续型随机变量都成立.

(ii) 若 X 为连续型随机变量,则由②可知,对于任一点 a,$\lim\limits_{x\to a^-}F(x)=F(a)$. 根据分布函数的性质③,$\lim\limits_{x\to a^+}F(x)=F(a)$,故有 $\lim\limits_{x\to a}F(x)=F(a)$. 因此,**连续型随机变量的分布函数处处连续**.

3. 常用分布

(1) 伯努利概型下的三种分布

设某伯努利试验成功的概率为 $p(0<p<1)$.

① 0-1 分布:若做 1 次该伯努利试验,随机变量 X 表示试验成功的次数,则 X 的分布律为

X	0	1
P	$1-p$	p

并称 X 服从参数为 p 的 0-1 分布.

② 二项分布:若独立重复地做 n 次该伯努利试验,随机变量 X 表示试验成功的次数,则 X 的分布律为

$$P\{X=k\}=C_n^k p^k(1-p)^{n-k},\quad k=0,1,2,\cdots,n,$$

并称 X 服从参数为 n,p 的二项分布,记作 $X\sim B(n,p)$.

【注】特别地,若 $X\sim B(1,p)$,则 X 必服从参数为 p 的 0-1 分布.

③ 几何分布:若独立重复地做该伯努利试验至首次成功为止,随机变量 X 表示试验的次数,则 X 的分布律为

$$P\{X=k\}=(1-p)^{k-1}p,\quad k=1,2,\cdots,$$

并称 X 服从参数为 p 的几何分布,记作 $X\sim G(p)$.

【注】服从几何分布的随机变量 X 具有"无记忆性":对于任意正整数 m,n,有

$$P\{X=m+n\mid X>m\}=P\{X=n\},$$
$$P\{X>m+n\mid X>m\}=P\{X>n\}.$$

(2) 超几何分布

设有 N 件产品,其中 $M(M\leqslant N)$件次品,随机地从 N 件产品中抽取 $n(n\leqslant N)$件,随机变量 X 表示抽取次品的件数,则 X 的分布律为

$$P\{X=k\}=\frac{C_M^k C_{N-M}^{n-k}}{C_N^n},$$

其中 k 为整数,$\max\{0,n-N+M\}\leqslant k\leqslant\min\{n,M\}$,并称 X 服从参数为 N,M,n 的超几何分布.

【注】若 $N=5,M=3,n=4$,则由于次品总共就 3 件,故至多取得 3 件次品;又由于非次品总共就 $N-M=2$ 件,故最多取得 $N-M=2$ 件非次品,从而至少取得 $n-(N-M)=2$ 件次品. 所以,此时 $2\leqslant k\leqslant 3$.

(3) 其他常用分布

① 泊松分布：若随机变量 X 的分布律为

$$P\{X=k\}=\frac{\lambda^k e^{-\lambda}}{k!},\quad k=0,1,\cdots,$$

其中 $\lambda>0$，则称 X 服从参数为 λ 的泊松分布，记作 $X\sim P(\lambda)$.

【注】 设常数 $\lambda>0$，n 为任意正整数，且 $p_n=\dfrac{\lambda}{n}$，则

$$\lim_{n\to\infty}C_n^k p_n^k(1-p_n)^{n-k}=\frac{\lambda^k e^{-\lambda}}{k!},\quad k=0,1,\cdots.$$

这意味着在 $p=\dfrac{\lambda}{n}$ 的条件下，当 n 充分大，p 充分小，而 $\lambda=np$ 适中时，服从二项分布 $B(n,p)$ 的随机变量近似服从泊松分布 $P(\lambda)$.

② 均匀分布：若随机变量 X 的概率密度为

$$f(x)=\begin{cases}\dfrac{1}{b-a}, & a<x<b,\\ 0, & \text{其他},\end{cases}$$

则称 X 在区间 (a,b) 上服从均匀分布，记作 $X\sim U(a,b)$.

【注】

(i) 若随机变量 X 的概率密度为

$$f(x)=\begin{cases}\dfrac{1}{b-a}, & a\leqslant x\leqslant b,\\ 0, & \text{其他},\end{cases}$$

则称 X 在区间 $[a,b]$ 上服从均匀分布，记作 $X\sim U[a,b]$.

(ii) 若 $X\sim U(a,b)$，且 $a<x_1<x_2<b$，则

$$P\{x_1<X<x_2\}=\int_{x_1}^{x_2}\frac{1}{b-a}dx=\frac{x_2-x_1}{b-a}.$$

由此可见，在求服从均匀分布的随机变量的概率时，不必再求其概率密度的积分，可通过区间长度之比进行求解.

③ 指数分布：若随机变量 X 的概率密度为

$$f(x)=\begin{cases}\lambda e^{-\lambda x}, & x>0,\\ 0, & x\leqslant 0,\end{cases}$$

其中 $\lambda>0$，则称 X 服从参数为 λ 的指数分布，记作 $X\sim E(\lambda)$.

【注】

(i) 有的教材将指数分布 $E(\lambda)$ 定义为以

$$f(x)=\begin{cases}\dfrac{1}{\lambda}e^{-\frac{x}{\lambda}}, & x>0,\\ 0, & x\leqslant 0\end{cases}$$

$(\lambda>0)$ 为概率密度的随机变量所服从的分布. 值得注意的是，**这两种不同的定义方式会导致求概率、求期望和方差等问题的结果截然不同.** 本书中指数分布的定义方式以《全国硕士研究生招生考试数学考试大纲》为准，后面与指数分部相关的问题也都依托于该定义方式.

(ii) 与几何分布一样，服从指数分布的随机变量 X 也具有“无记忆性”：对于任意 $s,t>0$，有

$$P\{X>s+t \mid X>s\}=P\{X>t\}.$$

④ 正态分布：若随机变量 X 的概率密度为

$$f(x)=\frac{1}{\sqrt{2\pi}\sigma}e^{-\frac{(x-\mu)^2}{2\sigma^2}},\quad -\infty<x<+\infty,$$

其中 $\sigma>0$，则称 X 服从参数为 μ,σ 的正态分布，记作 $X\sim N(\mu,\sigma^2)$.

【注】

(i) 若 $X\sim N(\mu,\sigma^2)$，则 $Y=\frac{X-\mu}{\sigma}\sim N(0,1)$，并称 Y 服从标准正态分布.

于是

$$\begin{aligned}P\{a<X<b\}&=P\{X\leqslant b\}-P\{X\leqslant a\}\\&=P\left\{\frac{X-\mu}{\sigma}\leqslant\frac{b-\mu}{\sigma}\right\}-P\left\{\frac{X-\mu}{\sigma}\leqslant\frac{a-\mu}{\sigma}\right\}\\&=P\left\{Y\leqslant\frac{b-\mu}{\sigma}\right\}-P\left\{Y\leqslant\frac{a-\mu}{\sigma}\right\}\\&=\Phi\left(\frac{b-\mu}{\sigma}\right)-\Phi\left(\frac{a-\mu}{\sigma}\right),\end{aligned}$$

其中 $\Phi(x)$ 为标准正态随机变量的分布函数(下同).

(ii) 标准正态随机变量的概率密度

$$\varphi(x)=\frac{1}{\sqrt{2\pi}}e^{-\frac{x^2}{2}}$$

是一个偶函数，其图形如图 2-7 所示.

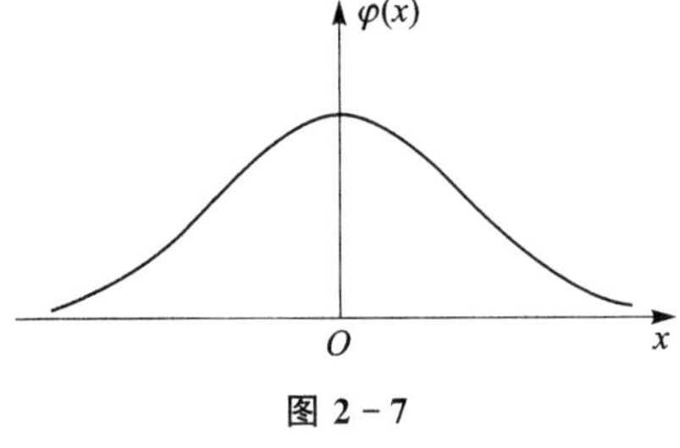

图 2-7

(iii) $\Phi(x)$ 单调递增.

(iv) $\Phi(-x)=1-\Phi(x)$.

(v) $\Phi(0)=\frac{1}{2}$.

问题研究

题眼探索 在求一维随机变量的概率时，可以“依靠”谁呢？对于离散型随机变量，可以“依靠”分布函数(利用式(2-4)和式(2-5))和常用分布(其中更常用的是二项分布、泊松分布和几何分布)；对于连续型随机变量，不仅仍然能“依靠”分布函数和常用分布(包括正态分布、均匀分布和指数分布)，而且还可以“依靠”概率密度(利用式(2-3)).

1. 离散型随机变量

【例 6】 设随机变量 X 的分布函数为

$$F(x)=\begin{cases}0, & x<-1,\\ 0.25, & -1\leqslant x<2,\\ 0.75, & 2\leqslant x<3,\\ 1, & x\geqslant 3,\end{cases}$$

则 $P\{2\leqslant X\leqslant 3\}=$________.

【解】 $P\{2\leqslant X\leqslant 3\}=P\{2<X\leqslant 3\}+P\{X=2\}$

$$=F(3)-F(2)+F(2)-\lim_{x\to 2^-}F(x)$$

$$=1-0.25=0.75.$$

【题外话】值得注意的是，不同于连续型随机变量，**离散型随机变量在区间端点处的概率应在求概率时予以考虑.**

【例 7】 设随机变量 X 服从参数为 2 的泊松分布，则 $P\{X\geqslant 2\}=$________.

【解】由于 $X\sim P(2)$，故 X 的分布律为

$$P\{X=k\}=\frac{2^k\mathrm{e}^{-2}}{k!},\quad k=0,1,\cdots,$$

从而

$$P\{X\geqslant 2\}=1-P\{X=0\}-P\{X=1\}=1-\mathrm{e}^{-2}-2\mathrm{e}^{-2}=1-3\mathrm{e}^{-2}.$$

【题外话】本例告诉我们，**必须牢记泊松分布、二项分布、几何分布等常用分布的分布律**，否则在求概率时将寸步难行.

2. 连续型随机变量

【例 8】 设随机变量 X 的概率密度为

$$f(x)=\begin{cases}kx+1, & 0\leqslant x\leqslant 2,\\ 0, & \text{其他},\end{cases}$$

则 $P\{-1\leqslant X<1\}=$________.

【解】由 $\int_{-\infty}^{+\infty}f(x)\mathrm{d}x=1$ 可知，$1=\int_0^2(kx+1)\mathrm{d}x=2k+2$，解得 $k=-\frac{1}{2}$，故

$$f(x)=\begin{cases}-\frac{1}{2}x+1, & 0\leqslant x\leqslant 2,\\ 0, & \text{其他}.\end{cases}$$

于是，$P\{-1\leqslant X<1\}=\int_{-1}^{1}f(x)\mathrm{d}x=\int_0^1\left(-\frac{1}{2}x+1\right)\mathrm{d}x=\frac{3}{4}$.

【题外话】

(i) 值得注意的是，应先根据式(2-2)将概率密度中的参数 k 求出，切莫使答案中带有参数.

(ii) 在利用式(2-3)求连续型随机变量的概率时，被积函数往往要选取概率密度中函数值非零的部分，而积分区间也就相应地变为了所求概率的区间与概率密度中函数值非零的区间的交集. 就本例而言，由于被积函数选取了 $f(x)$ 中函数值非零的部分 $-\frac{1}{2}x+1$，故

此时积分区间应为区间[−1,1]与区间[0,2]的交集[0,1].

本例是利用概率密度来求一维连续型随机变量的概率的“典范”. 而服从指数分布的随机变量的概率,也可通过求其概率密度的积分来求,请看例 9.

【例 9】 (2013 年考研题)设随机变量 Y 服从参数为 1 的指数分布,a 为常数且大于零,则 $P\{Y\leqslant a+1|Y>a\}=$________.

【解】 由于 $Y\sim E(1)$,故 Y 的概率密度为

$$f(y)=\begin{cases}e^{-y}, & y>0,\\ 0, & y\leqslant 0.\end{cases}$$

于是,$P\{Y\leqslant a+1\mid Y>a\}=\dfrac{P\{a<Y\leqslant a+1\}}{P\{Y>a\}}=\dfrac{\int_a^{a+1}e^{-y}\,dy}{\int_a^{+\infty}e^{-y}\,dy}=1-e^{-1}$.

【题外话】

(i) 条件概率的定义式

$$P(B\mid A)=\frac{P(AB)}{P(A)}\quad (P(A)>0)$$

不但可用于求随机事件的条件概率,而且也可用于求随机变量的条件概率.

(ii) 本例也可按如下解法:根据指数分布的“无记忆性”,

$$\begin{aligned}P\{Y\leqslant a+1\mid Y>a\}&=1-P\{Y>a+1\mid Y>a\}\\&=1-P\{Y>1\}=P\{Y\leqslant 1\}\\&=\int_0^1 e^{-y}\,dy=1-e^{-1}.\end{aligned}$$

(iii) 本例告诉我们,**必须牢记指数分布、均匀分布和正态分布的概率密度**,这是解决一些相关问题的“敲门砖”. 然而,与指数分布不同的是,服从均匀分布和正态分布的随机变量的概率,无需再通过求其概率密度的积分进行求解,请看例 10 和例 11.

【例 10】 (1989 年考研题)设随机变量 X 在[2,5]上服从均匀分布,现对 X 进行三次独立观测,试求至少有两次观测值大于 3 的概率.

【分析】 本例既然要求至少有两次观测值大于 3 的概率,那么不妨设随机变量 Y 表示观测值大于 3 的次数,此时所求概率便为 $P\{Y\geqslant 2\}$. 问题是如何确定 Y 的分布呢?

值得注意的是,“对 X 进行观测”可看作一个伯努利试验,并且它只有“观测值大于 3”(可看作试验成功)和“观测值不大于 3”(可看作试验失败)两个对立的结果. 由于这一伯努利试验独立地进行了 3 次,故表示试验成功次数的随机变量 Y 服从二项分布 $B(3,p)$,其中试验成功的概率 $p=P\{X>3\}$,而 p 可利用均匀分布 $U[2,5]$来求.

【解】 由于 $X\sim U[2,5]$,故 $P\{X>3\}=\dfrac{2}{3}$.

设 Y 表示观测值大于 3 的次数,则 $Y\sim B\left(3,\dfrac{2}{3}\right)$.

于是,$P\{Y\geqslant 2\}=P\{Y=2\}+P\{Y=3\}=C_3^2\left(\dfrac{2}{3}\right)^2\dfrac{1}{3}+C_3^3\left(\dfrac{2}{3}\right)^3=\dfrac{20}{27}$.

【题外话】

(i) **服从均匀分布的随机变量的概率可通过区间长度之比来求**.就本例而言,$P\{X>3\}$等于所求概率的区间$[3,+\infty)$与X服从均匀分布的区间$[2,5]$的交集$[3,5]$的区间长度,除以X服从均匀分布的区间$[2,5]$的长度,而不必再写出X的概率密度

$$f(x)=\begin{cases}\dfrac{1}{3}, & 2\leqslant x\leqslant 5,\\ 0, & \text{其他},\end{cases}$$

并通过求积分$\displaystyle\int_3^5 \frac{1}{3}\mathrm{d}x$ 来求$P\{X>3\}$.

(ii) 本例告诉我们,**要能够根据题意发现伯努利试验,从而发现随机变量服从伯努利概型下的常用分布**.而此时,该伯努利试验成功的概率,往往能够利用另一随机变量的分布求出.

【例 11】

(1) 设随机变量X的概率密度为

$$f(x)=\frac{1}{2\sqrt{2\pi}}\mathrm{e}^{-\frac{x^2-6x+9}{8}},\quad -\infty<x<+\infty,$$

则$P\{X\geqslant 3\}=$________.

(2) (2002 年考研题)设随机变量$X\sim N(\mu,\sigma^2)$,且二次方程$y^2+4y+X=0$无实根的概率为 0.5,则$\mu=$________.

(3) (2006 年考研题)设随机变量X服从正态分布$N(\mu_1,\sigma_1^2)$,Y服从正态分布$N(\mu_2,\sigma_2^2)$,且$P\{|X-\mu_1|<1|\}>P\{|Y-\mu_2|<1\}$,则(　　)

(A) $\sigma_1<\sigma_2$.　　(B) $\sigma_1>\sigma_2$.　　(C) $\mu_1<\mu_2$.　　(D) $\mu_1>\mu_2$.

(4) (2013 年考研题)设X_1,X_2,X_3是随机变量,且$X_1\sim N(0,1)$,$X_2\sim N(0,2^2)$,$X_3\sim N(5,3^2)$,$p_i=P\{-2\leqslant X_i\leqslant 2\}\ (i=1,2,3)$,则(　　)

(A) $p_1>p_2>p_3$.　　(B) $p_2>p_1>p_3$.　　(C) $p_3>p_1>p_2$.　　(D) $p_1>p_3>p_2$.

【解】

(1) 由 $f(x)=\dfrac{1}{2\sqrt{2\pi}}\mathrm{e}^{-\frac{(x-3)^2}{2\cdot 2^2}}$ 可知,$X\sim N(3,2^2)$.

于是,$P\{X\geqslant 3\}=1-P\{X\leqslant 3\}=1-P\left\{\dfrac{x-3}{2}\leqslant\dfrac{3-3}{2}\right\}=1-\Phi(0)=\dfrac{1}{2}$.

(2) $P\{16-4X<0\}=P\{X>4\}=1-P\{X\leqslant 4\}$

$$=1-P\left\{\frac{X-\mu}{\sigma}\leqslant\frac{4-\mu}{\sigma}\right\}=1-\Phi\left(\frac{4-\mu}{\sigma}\right).$$

由$P\{16-4X<0\}=0.5$可知,$\Phi\left(\dfrac{4-\mu}{\sigma}\right)=0.5$,故$\mu=4$.

(3) $P\{|X-\mu_1|<1\}>P\{|Y-\mu_2|<1\}\Rightarrow P\{-1<X-\mu_1<1\}>P\{-1<Y-\mu_2<1\}$

$$\Rightarrow P\left\{-\frac{1}{\sigma_1}<\frac{X-\mu_1}{\sigma_1}\leqslant\frac{1}{\sigma_1}\right\}>$$

$$P\left\{-\frac{1}{\sigma_2}<\frac{Y-\mu_2}{\sigma_2}\leqslant\frac{1}{\sigma_2}\right\}$$

$$\Rightarrow\Phi\left(\frac{1}{\sigma_1}\right)-\Phi\left(-\frac{1}{\sigma_1}\right)>\Phi\left(\frac{1}{\sigma_2}\right)-\Phi\left(-\frac{1}{\sigma_2}\right)$$

$$\Rightarrow 2\Phi\left(\frac{1}{\sigma_1}\right)-1>2\Phi\left(\frac{1}{\sigma_2}\right)-1$$

$$\Rightarrow\Phi\left(\frac{1}{\sigma_1}\right)>\Phi\left(\frac{1}{\sigma_2}\right)$$

$$\Rightarrow\frac{1}{\sigma_1}>\frac{1}{\sigma_2}$$

$$\Rightarrow\sigma_1<\sigma_2.$$

故选(A).

(4) $p_1=P\{-2\leqslant X_1\leqslant 2\}=\Phi(2)-\Phi(-2)=2\Phi(2)-1.$

$$p_2=P\{-2\leqslant X_2\leqslant 2\}=P\left\{-1<\frac{X_2}{2}\leqslant 1\right\}=\Phi(1)-\Phi(-1)=2\Phi(1)-1.$$

由于 $\Phi(x)$ 单调递增,故 $p_1>p_2$.

$$\begin{aligned}p_3&=P\{-2\leqslant X_3\leqslant 2\}\\&=P\left\{\frac{-2-5}{3}<\frac{X_3-5}{3}\leqslant\frac{2-5}{3}\right\}\\&=\Phi(-1)-\Phi\left(-\frac{7}{3}\right).\end{aligned}$$

如图 2-8 所示,$p_2>p_3$,故选(A).

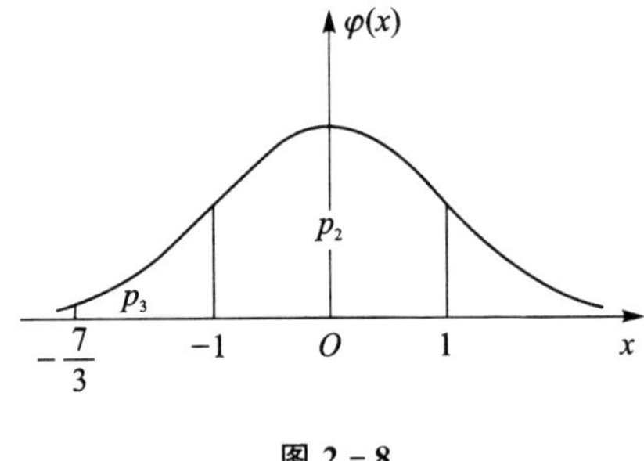

图 2-8

【题外话】

(i) 纵观本例,正态随机变量的概率问题主要有求概率(如本例(1))、解概率方程(如本例(2))、解概率不等式(如本例(3))和比较概率的大小(如本例(4))这四个问题,**解决的思路都是将正态随机变量的概率转化为标准正态随机变量的分布函数 $\Phi(x)$ 的函数值**,并利用"$\Phi(x)$ 单调递增"(可参看本例(3)和本例(4))、$\Phi(-x)=1-\Phi(x)$(可参看本例(3)和本例(4))、$\Phi(0)=\frac{1}{2}$(可参看本例(1)和本例(2))或标准正态随机变量的概率密度 $\varphi(x)$ 的图形(可参看本例(4)).

(ii) 一路走来,我们探讨了离散型随机变量的分布律、连续型随机变量的概率密度,以及随机变量的分布函数,并且利用它们解决了一维随机变量的概率问题.下面将探讨一个更具挑战性的问题——随机变量的函数的分布问题,而这一问题其实仍然归结为求一维随机变量的概率.

问题3 随机变量的函数的分布问题

问题研究

1. 离散型随机变量的函数

题眼探索 随机变量的函数的分布问题主要围绕着这样一个话题：**已知随机变量 X 的分布律(或概率密度)，求 $Y=g(X)$ 的分布律(或概率密度)**. 对于离散型随机变量 X，若它的分布律为

$$P\{X=x_i\}=p_i,\quad i=1,2,\cdots,$$

则 X 的函数 $Y=g(X)$ 也是一个离散型随机变量，并且 Y 的分布律为

$$P\{Y=g(x_i)\}=p_i,\quad i=1,2,\cdots.$$

值得注意的是，如果 $g(x_i)$ 中出现了相同的值，那么可将它们相应的概率之和作为 Y 取该值的概率.

【例12】 设随机变量 X 的分布律为

X	-1	0	1
P	$\frac{1}{3}$	$\frac{1}{3}$	$\frac{1}{3}$

则 $Y=X^2+1$ 的分布律为________.

【解】 由 X 所有可能取的值为 $-1,0,1$ 可知 $Y=X^2+1$ 所有可能取的值为 $1,2$.

又由于

$$P\{Y=1\}=P\{X=0\}=\frac{1}{3},$$

$$P\{Y=2\}=P\{X=-1\}+P\{X=1\}=\frac{2}{3},$$

故 Y 的分布律为

Y	1	2
P	$\frac{1}{3}$	$\frac{2}{3}$

2. 连续型随机变量的函数

(1) 普通函数

题眼探索 如果说求离散型随机变量的函数的分布律只是“小试牛刀”，那么在已知连续型随机变量 X 的概率密度 $f_X(x)$ 的条件下，该如何求连续型随机变量 $Y=g(X)$

的概率密度 $f_Y(y)$呢？这恐怕需要找一个"中介"——Y 的分布函数 $F_Y(y)$. 一旦求出了 $F_Y(y)$，那么便可通过

$$f_Y(y)=F'_Y(y)$$

轻松地求出 $f_Y(y)$. 而根据分布函数的定义，

$$F_Y(y)=P\{Y\leqslant y\}=P\{g(X)\leqslant y\},$$

这意味着求 $F_Y(y)$又可转化为求随机变量 X 的概率 $P\{g(X)\leqslant y\}$(可参看图 2-9).

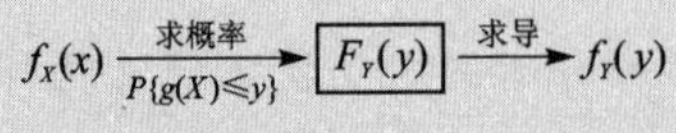

$$f_X(x)\xrightarrow[P\{g(X)\leqslant y\}]{\text{求概率}}\boxed{F_Y(y)}\xrightarrow{\text{求导}}f_Y(y)$$

图 2-9

当 $Y=g(X)$并非分段函数时，如果 $g(X)\leqslant y$ 可表示为 $X\in I_y$(区间 I_y 与 y 有关)，那么就可以通过求 $f_X(x)$的积分来求

$$P\{g(X)\leqslant y\}=P\{X\in I_y\}.$$

问题是该如何确定积分区间呢？一般情况下，X 的概率密度往往形如

$$f_X(x)=\begin{cases}f_1(x), & x\in I,\\0, & \text{其他},\end{cases}$$

此时被积函数就要选取其中函数值非零的部分 $f_1(x)$，而积分区间也就应为区间 I_y 与 $f_X(x)$中函数值非零的区间 I 的交集. 然而，**由于 I_y 会随着 y 的变化而变化，并且 I_y 与 I 的交集也会随之变化，故分类讨论往往在所难免**. 那么，该如何进行分类讨论呢？让我们通过例 13 细细体会.

【例 13】 设随机变量 X 的概率密度为

$$f_X(X)=\begin{cases}2x, & 0<x<1,\\0, & \text{其他}.\end{cases}$$

求 $Y=\mathrm{e}^{-X}$ 的概率密度.

【分析】如图 2-9 所示，先求 Y 的分布函数 $F_Y(y)$：

$$F_Y(y)=P\{Y\leqslant y\}=P\{\mathrm{e}^{-X}\leqslant y\}.$$

显然，当 $y\leqslant 0$ 时，

$$F_Y(y)=P\{\mathrm{e}^{-X}\leqslant y\}=0;$$

当 $y>0$ 时，

$$F_Y(y)=P\{\mathrm{e}^{-X}\leqslant y\}=P\{X\geqslant -\ln y\}.$$

要求 $P\{X\geqslant -\ln y\}$，那就要求 $f_X(x)$的积分. 由于被积函数应选取 $f_X(x)$中函数值非零的部分 $2x$，所以此时积分区间应为区间$[-\ln y,+\infty)$与区间$(0,1)$的交集. 问题的焦点在于区间$[-\ln y,+\infty)$会随着 y 的变化而变化，从而影响$[-\ln y,+\infty)$与$(0,1)$的交集情况. 所幸$(0,1)$是不变的区间，这就可以"以不变应万变"——根据不变的区间$(0,1)$来确定$-\ln y$ 的取值.

参看图 2-10，$-\ln y$ 的取值可分为以下三种不同的情况：

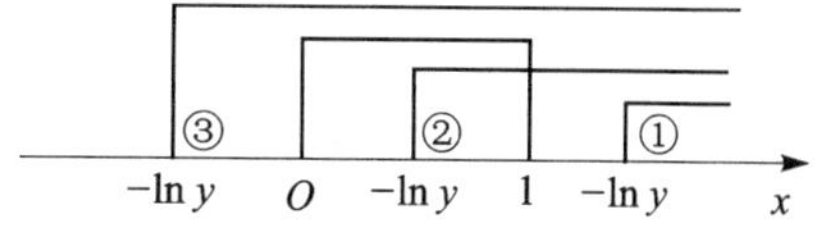

图 2-10

① $-\ln y>1$，即 $0<y<\frac{1}{\mathrm{e}}$；

② $0<-\ln y\leqslant 1$，即 $\frac{1}{\mathrm{e}}\leqslant y<1$；

③ $-\ln y\leqslant 0$，即 $y\geqslant 1$.

一旦理清了分类讨论的脉络，那么求 Y 的概率密度就只需按部就班即可.

【解】 $F_Y(y)=P\{Y\leqslant y\}=P\{\mathrm{e}^{-X}\leqslant y\}=\begin{cases}P\{X\geqslant -\ln y\}, & y>0,\\ 0, & y\leqslant 0.\end{cases}$

① 当 $0<y<\frac{1}{\mathrm{e}}$ 时，$F_Y(y)=0$；

② 当 $\frac{1}{\mathrm{e}}\leqslant y<1$ 时，$F_Y(y)=\int_{-\ln y}^{1} 2x\,\mathrm{d}x=1-\ln^2 y$；

③ 当 $y\geqslant 1$ 时，$F_Y(y)=\int_0^1 2x\,\mathrm{d}x=1$.

故 $F_Y(y)=\begin{cases}0, & y<\frac{1}{\mathrm{e}},\\ 1-\ln^2 y, & \frac{1}{\mathrm{e}}\leqslant y<1,\\ 1, & y\geqslant 1.\end{cases}$

从而 Y 的概率密度为

$$f_Y(y)=F_Y'(y)=\begin{cases}-\frac{2}{y}\ln y, & \frac{1}{\mathrm{e}}\leqslant y<1,\\ 0, & \text{其他}.\end{cases}$$

【题外话】

(i) 本例的关键在于要能够按 $0<y<\frac{1}{\mathrm{e}}$，$\frac{1}{\mathrm{e}}\leqslant y<1$ 和 $y\geqslant 1$ 进行分类讨论. y 的这三个范围并非“从天而降”，而是根据图 2-10，分别解不等式 $-\ln y>1$，$0<-\ln y\leqslant 1$ 和 $-\ln y\leqslant 0$ 得到. 此时，区间 $[-\ln y,+\infty)$ 与区间 $(0,1)$ 的交集分别为 $\varnothing$，$[-\ln y,1)$ 和 $(0,1)$，于是就能够利用式(2-3)来求 $P\{X\geqslant -\ln y\}$.

(ii) 其实，有如下结论：

设随机变量 X 的概率密度为 $f_X(x)$，且函数 $g(x)$ 在 $f_X(x)$ 函数值非零的区间 I 上处处可导且严格单调，$h(y)$ 是 $g(x)$ 的反函数，则 $Y=g(X)$ 的概率密度为

$$f_Y(y)=\begin{cases}f_X[h(y)]\,|h'(y)|, & y\in I',\\ 0, & \text{其他}.\end{cases}\qquad (2-6)$$

其中，区间 I' 为函数 $g(x)$ 在区间 I 上的值域.

对于本例，由于函数 $g(x)=\mathrm{e}^{-x}$ 在区间 $(0,1)$ 内处处可导且严格单调，并且它的反函数 $h(y)=-\ln y$，故 $g(x)$ 在 $(0,1)$ 内的值域为 $\left(\frac{1}{\mathrm{e}},1\right)$，并且

$$f_X[h(y)]\,|h'(y)|=-2\ln y\left|-\frac{1}{y}\right|=-\frac{2}{y}\ln y,$$

从而本例也能利用式(2-6)求得 Y 的概率密度

$$f_Y(y)=\begin{cases}-\dfrac{2}{y}\ln y, & \dfrac{1}{e}<y<1,\\ 0, & \text{其他}.\end{cases}$$

值得注意的是，**能够利用式(2-6)来求连续型随机变量 X 的函数 $Y=g(X)$ 的概率密度的前提是：函数 $g(x)$ 在 X 的概率密度函数值非零的区间上处处可导且严格单调**. 这意味着它并不是解决连续型随机变量的函数的分布问题的“万能钥匙”，比如它不适用于一些连续型随机变量的分段函数.

(2) 分段函数

题眼探索　如果已知连续型随机变量 X 的概率密度 $f_X(x)$，要求连续型随机变量

$$Y=g(X)=\begin{cases}g_1(X), & X\in I_1,\\ g_2(X), & X\in I_2\end{cases}$$

的概率密度 $f_Y(y)$，那么依然能以图 2-9 为“向导”. 只不过由于 $g(X)$ 被“一分为二”，故在求概率 $P\{g(X)\leqslant y\}$ 时，需要把样本空间划分为 $\{X\in I_1\}$ 和 $\{X\in I_2\}$，并利用全概率公式，即

$$\begin{aligned}F_Y(y)&=P\{Y\leqslant y\}=P\{g(X)\leqslant y\}\\&=P\{g_1(X)\leqslant y, X\in I_1\}+P\{g_2(X)\leqslant y, X\in I_2\}.\end{aligned}$$

若 $g_1(X)\leqslant y$ 和 $g_2(X)\leqslant y$ 可分别表示为 $X\in I_y$ 和 $X\in I'_y$（区间 I_y 和 I'_y 都与 y 有关），则

$$F_Y(y)=P\{X\in I_y, X\in I_1\}+P\{X\in I'_y, X\in I_2\}.$$

此时，因为区间 I_y 与区间 I_1，以及区间 I'_y 与区间 I_2 的交集都会随着 y 的变化而变化，所以往往也需要进行分类讨论.

【例 14】 设随机变量 X 的概率密度为

$$f(x)=\begin{cases}\dfrac{x}{2}, & 0<x<2,\\ 0, & \text{其他}.\end{cases}$$

(1) 若 $F(x)$ 为 X 的分布函数，求随机变量 $Y=F(X)$ 的概率密度；

(2) 求随机变量 $Y=\begin{cases}X, & X<1,\\ X-1, & X\geqslant 1\end{cases}$ 的概率密度.

【解】 (1) 当 $x<0$ 时，$F(x)=\int_{-\infty}^{x}f(t)\mathrm{d}t=\int_{-\infty}^{x}0\mathrm{d}t=0$；

当 $0\leqslant x<2$ 时，$F(x)=\int_{-\infty}^{x}f(t)\mathrm{d}t=\int_{-\infty}^{0}0\mathrm{d}t+\int_{0}^{x}\dfrac{t}{2}\mathrm{d}t=\dfrac{x^2}{4}$；

当 $x\geqslant 2$ 时，$F(x)=\int_{-\infty}^{x}f(t)\mathrm{d}t=\int_{-\infty}^{0}0\mathrm{d}t+\int_{0}^{2}\dfrac{t}{2}\mathrm{d}t+\int_{2}^{x}0\mathrm{d}t=1.$

故

$$F(x)=\begin{cases}0, & x<0,\\ \dfrac{x^2}{4}, & 0\leqslant x<2,\\ 1, & x\geqslant 2.\end{cases}$$

于是 Y 的分布函数为

$$\begin{aligned}F_Y(y)&=P\{Y\leqslant y\}\\&=P\{0\leqslant y,X<0\}+P\left\{\frac{X^2}{4}\leqslant y,0\leqslant X<2\right\}+P\{1\leqslant y,X\geqslant 2\}\\&=P\left\{\frac{X^2}{4}\leqslant y,0<X<2\right\}\\&=\begin{cases}P\{-2\sqrt{y}\leqslant X\leqslant 2\sqrt{y},0<X<2\}, & y\geqslant 0,\\ 0, & y<0.\end{cases}\end{aligned}$$

如图 2 - 11 所示：

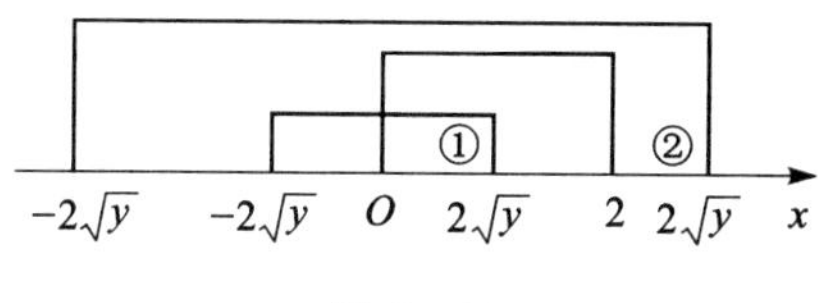

图 2 - 11

① 当 $0\leqslant y<1$(即 $2\sqrt{y}<2$)时，

$$F_Y(y)=P\{0<X\leqslant 2\sqrt{y}\}=\int_0^{2\sqrt{y}}\frac{x}{2}\mathrm{d}x=y;$$

② 当 $y\geqslant 1$(即 $2\sqrt{y}\geqslant 2$)时，

$$F_Y(y)=P\{0<X<2\}=1.$$

故，$F_Y(y)=\begin{cases}0, & y<0,\\ y, & 0\leqslant y<1,\\ 1, & y\geqslant 1,\end{cases}$ 从而 Y 的概率密度为

$$f_Y(y)=\begin{cases}1, & 0<y<1,\\ 0, & \text{其他}.\end{cases}$$

(2) Y 的分布函数为

$$\begin{aligned}F_Y(y)&=P\{Y\leqslant y\}\\&=P\{X\leqslant y,X<1\}+P\{X-1\leqslant y,X\geqslant 1\}\\&=P\{X\leqslant y,0<X<1\}+P\{X\leqslant y+1,1\leqslant X<2\}.\end{aligned}$$

如图 2 - 12 所示：

① 当 $y<0$(即 $y+1<1$)时，

$$F_Y(y)=P(\varnothing)+P(\varnothing)=0;$$

② 当 $0\leqslant y<1$(即 $1\leqslant y+1<2$)时，

$$\begin{aligned}F_Y(y)&=P\{0<X\leqslant y\}+P\{1\leqslant X\leqslant y+1\}\\&=\int_0^y\frac{x}{2}\mathrm{d}x+\int_1^{y+1}\frac{x}{2}\mathrm{d}x=\frac{1}{2}y(y+1);\end{aligned}$$

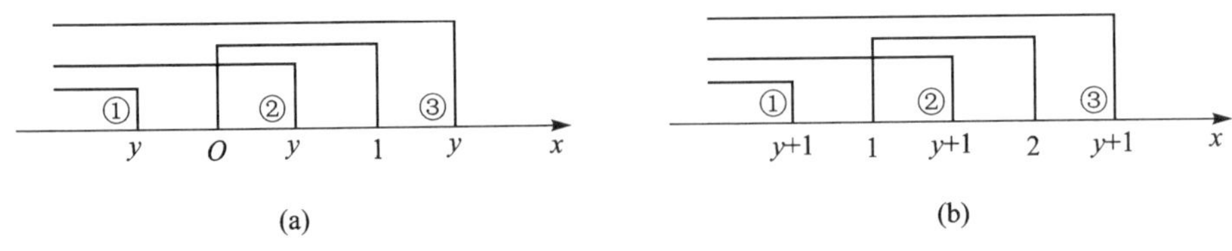

图 2-12

③ 当 $y\geqslant 1$(即 $y+1\geqslant 2$)时,

$$F_Y(y)=P\{0<X<1\}+P\{1\leqslant X<2\}=P\{0<X<2\}=1.$$

故 $F_Y(y)=\begin{cases}0, & y<0,\\ \dfrac{1}{2}y(y+1), & 0\leqslant y<1,\\ 1, & y\geqslant 1,\end{cases}$ 从而 Y 的概率密度为

$$f_Y(y)=\begin{cases}y+\dfrac{1}{2}, & 0\leqslant y<1,\\ 0, & \text{其他}.\end{cases}$$

【题外话】

(i) 本例(1)告诉我们,**若连续型随机变量 X 有严格单调递增的分布函数 $F(x)$,则 $Y=F(X)$ 在区间(0,1)上服从均匀分布**. 其实,无论 X 的概率密度是什么,这个结论都成立.

(ii) **在求连续型随机变量 X 的分段函数 $Y=g(X)$ 的分布函数时,应根据 $g(X)$ 的分段点来划分样本空间,并利用全概率公式,同时还应保证 X 在其概率密度函数值非零的区间上.** 比如,本例(1)将样本空间划分为 $\{X<0\}$,$\{0\leqslant X<2\}$ 和 $\{X\geqslant 2\}$,又由于 $f(x)$ 函数值非零的区间为(0,2),故求 $F_Y(y)$ 归结为求概率

$$P\left\{\frac{X^2}{4}\leqslant y,0<X<2\right\};$$

本例(2)将样本空间划分为 $\{X<1\}$ 和 $\{X\geqslant 1\}$,又因为 $f(x)$ 函数值非零的区间为(0,2),所以求 $F_Y(y)$ 也归结为求概率

$$P\{X\leqslant y,0<X<1\}+P\{X\leqslant y+1,1\leqslant X<2\}.$$

由此可见,求分段函数 $Y=g(X)$ 的分布函数往往会归结为求积事件的概率. **如果说对于连续型随机变量的普通函数,分类讨论的焦点在于所求概率的区间与概率密度函数值非零的区间的交集是什么**(可参看例 13),**那么对于连续型随机变量的分段函数,分类讨论的焦点就变成了所求积事件的概率中两个相应区间的交集是什么**. 对于本例(1),在 $0\leqslant y<1$ 和 $y\geqslant 1$ 的条件下,$P\{-2\sqrt{y}\leqslant X\leqslant 2\sqrt{y},0<X<2\}$ 中两个相应的区间 $[-2\sqrt{y},2\sqrt{y}]$ 和 $(0,2)$ 的交集分别为 $(0,2\sqrt{y}]$ 和 $(0,2)$(可参看图 2-11);对于本例(2),在 $y<0$,$0\leqslant y<1$ 和 $y\geqslant 1$ 的条件下,$P\{X\leqslant y,0<X<1\}$ 中两个相应的区间 $(-\infty,y]$ 和 $(0,1)$ 的交集分别为 $\varnothing$,$(0,y]$ 和 $(0,1)$,并且 $P\{X\leqslant y+1,1\leqslant X<2\}$ 中两个相应的区间 $(-\infty,y+1]$ 和 $[1,2)$ 的交集分别为 $\varnothing$,$[1,y+1]$ 和 $[1,2)$(可参看图 2-12).

(iii) 其实,本例(1)也可以利用式(2-6)来求 Y 的概率密度(读者可自行练习),但由于

$$g(x)=\begin{cases}x, & x<1,\\ x-1, & x\geqslant 1\end{cases}\tag{2-7}$$

在 $f(x)$ 函数值非零的区间(0,2)内并非处处可导且严格单调的函数，故式(2-6)对于本例(2)便不再适用．而只要再将式(2-7)的 $g(X)$ 变得更复杂一些，那就成了例 15(2)中的 $Y=X-[X]$．

【例 15】 设随机变量 X 服从参数为 1 的指数分布，$[X]$ 表示不大于 X 的最大整数．

(1) 求 $U=\min\{2,[X]\}$ 的概率分布；

(2) 求 $Y=X-[X]$ 的概率密度．

【分析与解答】 虽然本例中 X 的概率密度可以提笔写出：

$$f_X(x)=\begin{cases}e^{-x}, & x>0,\\ 0, & x\leqslant 0,\end{cases}$$

但是 $[X]$ 却成为了一只“拦路虎”．让我们一探究竟．

(1) 尽管 X 的函数 $U=\min\{2,[X]\}$ 看着挺唬人，却不难发现它是一个离散型随机变量．要求离散型随机变量 U 的概率分布，则只需找到它所有可能的取值并求其概率．那么，U 可能取哪些值呢？

由于 X 的概率密度函数值非零的区间为 $(0,+\infty)$，故只需考虑当 $X>0$ 时的情况．

① 当 $0<X<1$ 时，$[X]=0$，则 $U=\min\{2,0\}=0$，并且

$$P\{U=0\}=P\{0<X<1\}=\int_0^1 e^{-x}\,dx=1-e^{-1};$$

② 当 $1\leqslant X<2$ 时，$[X]=1$，则 $U=\min\{2,1\}=1$，并且

$$P\{U=1\}=P\{1\leqslant X<2\}=\int_1^2 e^{-x}\,dx=e^{-1}-e^{-2};$$

③ 当 $X\geqslant 2$ 时，不论 $[X]$ 等于 2(当 $2\leqslant X<3$ 时)还是大于 2(当 $X\geqslant 3$ 时)，U 都为 2，故

$$P\{U=2\}=P\{X\geqslant 2\}=\int_2^{+\infty} e^{-x}\,dx=e^{-2}.$$

于是便能得到 U 的概率分布(分布律)为

U	0	1	2
P	$1-e^{-1}$	$e^{-1}-e^{-2}$	e^{-2}

(2) 不管 X 的函数 $Y=X-[X]$ 有多么复杂，既然要求 Y 的概率密度，那么就遵照图 2-8，按部就班地先求 Y 的分布函数 $F_Y(y)$：

$$F_Y(y)=P\{Y\leqslant y\}=P\{X-[X]\leqslant y\}.$$

这时，我们发现 $X-[X]$ 仿佛云山雾罩，那么不妨将它写得更具体一些：

$$Y=X-[X]=\begin{cases}X, & 0<X<1,\\ X-1, & 1\leqslant X<2,\\ X-2, & 2\leqslant X<3,\\ \quad\vdots & \\ X-k, & k\leqslant X<k+1,\\ \quad\vdots & \end{cases}$$

因为 $f_X(x)$ 函数值非零的区间为 $(0,+\infty)$，所以只需写出当 $X>0$ 时的情况．

既然揭开了 $X-[X]$“神秘的面纱”，那么全概率公式也就有了“用武之地”：

$$F_Y(y)=P\{X-[X]\leqslant y\}$$

$$=P\{X\leqslant y,0<X<1\}+P\{X-1\leqslant y,1\leqslant X<2\}+P\{X-2\leqslant y,2\leqslant X<3\}+\cdots+P\{X-k\leqslant y,k\leqslant X<k+1\}+\cdots$$

$$=\sum_{k=0}^{+\infty}P\{X-k\leqslant y,k\leqslant X<k+1\}$$

$$=\sum_{k=0}^{+\infty}P\{X\leqslant y+k,k\leqslant X<k+1\}.$$

问题的焦点在于 $P\{X\leqslant y+k,k\leqslant X<k+1\}(k=0,1,\cdots)$ 中两个相应的区间 $(-\infty,y+k]$ 和 $[k,k+1)$ 的交集是什么呢？这恐怕就需要进行分类讨论了.

如图 2-13 所示：

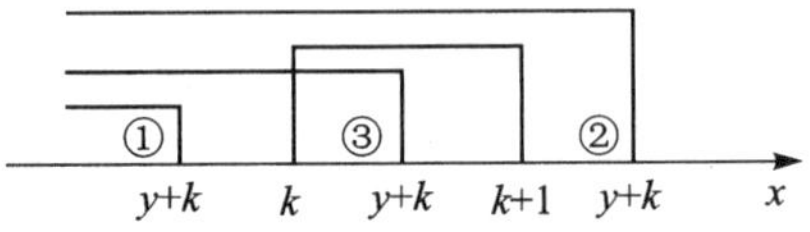

图 2-13

① 当 $y<0$（即 $y+k<k$）时，区间 $(-\infty,y+k]$ 和区间 $[k,k+1)$ 的交集为 $\varnothing$，故

$$F_Y(y)=0;$$

② 当 $y\geqslant1$（即 $y+k\geqslant k+1$）时，区间 $(-\infty,y+k]$ 和区间 $[k,k+1)$ 的交集为 $[k,k+1)$，于是

$$F_Y(y)=\sum_{k=0}^{+\infty}P\{k\leqslant X<k+1\}$$

$$=P\{0<X<1\}+P\{1\leqslant X<2\}+P\{2\leqslant X<3\}+\cdots.$$

由于事件 $\{0<X<1\},\{1\leqslant X<2\},\{2\leqslant X<3\},\cdots$“无缝对接”，故

$$F_Y(y)=P\{X>0\}=1;$$

③ 当 $0\leqslant y<1$（即 $k\leqslant y+k<k+1$）时，情况最为复杂. 因为这时区间 $(-\infty,y+k]$ 和区间 $[k,k+1)$ 的交集为 $[k,y+k]$，所以能够利用式(2-3)来求 $P\{k\leqslant X\leqslant y+k\}$，即

$$F_Y(y)=\sum_{k=0}^{+\infty}P\{k\leqslant X\leqslant y+k\}=\sum_{k=0}^{+\infty}\int_k^{y+k}\mathrm{e}^{-x}\,\mathrm{d}x=\sum_{k=0}^{+\infty}\left[\mathrm{e}^{-k}-\mathrm{e}^{-(y+k)}\right].$$

不曾想竟然“冒出”了 $\sum\limits_{k=0}^{+\infty}\left[\mathrm{e}^{-k}-\mathrm{e}^{-(y+k)}\right]$！ 它又该如何计算呢？不妨先将与 k 无关的形式提出连加符号：

$$F_Y(y)=\sum_{k=0}^{+\infty}\mathrm{e}^{-k}-\mathrm{e}^{-y}\sum_{k=0}^{+\infty}\mathrm{e}^{-k}=(1-\mathrm{e}^{-y})\sum_{k=0}^{+\infty}\mathrm{e}^{-k}.$$

而对于无穷等比数列的各项之和 $\sum\limits_{k=0}^{+\infty}\mathrm{e}^{-k}$，则可根据 $\dfrac{\text{首项}}{1-\text{公比}}$ 来求，即有

$$F_Y(y)=(1-\mathrm{e}^{-y})\frac{1}{1-\mathrm{e}^{-1}}=\frac{\mathrm{e}}{\mathrm{e}-1}(1-\mathrm{e}^{-y}).$$

至此，Y 的分布函数计算终于“大功告成”了：

$$F_Y(y)=\begin{cases}0, & y<0,\\ \dfrac{\mathrm{e}}{\mathrm{e}-1}(1-\mathrm{e}^{-y}), & 0\leqslant y<1,\\ 1, & y\geqslant1.\end{cases}$$

再求 $F_Y(y)$ 的导数就能得到 Y 的概率密度

$$f_Y(y)=\begin{cases}\dfrac{\mathrm{e}^{1-y}}{\mathrm{e}-1}, & 0\leqslant y<1,\\ 0, & \text{其他}.\end{cases}$$

这样看来，只要按部就班、步步为营，那么$[X]$这只“拦路虎”也并非不可战胜！

【题外话】

(i) 本例(1)告诉我们，**虽然离散型随机变量的函数一定也是离散型随机变量，但是连续型随机变量的函数未必也是连续型随机变量.**

(ii) 其实，有如下与式(2-6)相类似的结论：

设随机变量X的概率密度为$f_X(x)$，且将$f_X(x)$函数值非零的区间I分割成互不相交的区间$I_1, I_2, \cdots$. 若函数$g(x)$在区间$I_1, I_2, \cdots$上都可导且逐段严格单调，$h_1(y), h_2(y), \cdots$分别是$g(x)$在$I_1, I_2, \cdots$上的反函数，则$Y=g(X)$的概率密度为

$$f_Y(y)=\begin{cases}\sum_{k=1}^{+\infty} f_X[h_k(y)]\,|h'_k(y)|, & y\in I',\\ 0, & \text{其他},\end{cases} \tag{2-8}$$

其中区间I'为函数$g(x)$在区间I上的值域.

就本例(2)而言，由于函数$g(x)=x-[x]$在区间$(0,+\infty)$所分割成的互不相交的区间$(0,1), [1,2), [2,3), \cdots$上都可导且逐段严格单调，并且它在$(0,1), [1,2), [2,3), \cdots$上的反函数分别为$h_1(y)=y, h_2(y)=y+1, h_3(y)=y+2, \cdots$，故$g(x)$在$(0,+\infty)$上的值域为$[0,1)$，并且

$$\begin{aligned}\sum_{k=1}^{+\infty} f_X[h_k(y)]\,|h'_k(y)| &= \sum_{k=0}^{+\infty} f_X(y+k)=\sum_{k=0}^{+\infty}\mathrm{e}^{-(y+k)}\\ &=\mathrm{e}^{-y}\sum_{k=0}^{+\infty}\mathrm{e}^{-k}=\mathrm{e}^{-y}\frac{1}{1-\mathrm{e}^{-1}}=\frac{\mathrm{e}^{1-y}}{\mathrm{e}-1},\end{aligned}$$

从而本例(2)也能利用式(2-8)求得Y的概率密度

$$f_Y(y)=\begin{cases}\dfrac{\mathrm{e}^{1-y}}{\mathrm{e}-1}, & 0\leqslant y<1,\\ 0, & \text{其他}.\end{cases}$$

值得注意的是，**能够利用式(2-8)来求连续型随机变量X的函数$Y=g(X)$的概率密度的前提是：函数$g(x)$在X的概率密度函数值非零的区间所分割成的各互不相交区间上都可导且逐段严格单调.** 其实，例14(2)也可以利用式(2-8)来求Y的概率密度，读者可自行练习.

(iii) 随机变量的函数的分布问题是在概率论的“探索之旅”中所“翻越”的一座“高峰”. 它之所以复杂，是因为涉及到了X和Y两个随机变量. 而如果把(X,Y)看作一个二维随机变量，那么它的分布问题将会比一维随机变量更难解决. 前面是崇山峻岭，让我们一往无前.

实战演练

一、选择题

1. 设$F_1(x), F_2(x)$为两个分布函数，其相应概率密度$f_1(x), f_2(x)$是连续函数，则必为概率密度的是(　　)

(A) $f_1(x)f_2(x)$.　　　　(B) $2f_2(x)F_1(x)$.

(C) $f_1(x)F_2(x)$.　　　　(D) $f_1(x)F_2(x)+f_2(x)F_1(x)$.

2. 设 $f_1(x)$ 为标准正态分布的概率密度，$f_2(x)$ 为 $[-1,3]$ 上的均匀分布的概率密度，若 $f(x)=\begin{cases}af_1(x), & x\leqslant 0,\\ bf_2(x), & x>0\end{cases}$ $(a>0,b>0)$ 为概率密度，则 a,b 应满足(　　)

(A) $2a+3b=4$.　　(B) $3a+2b=4$.　　(C) $a+b=1$.　　(D) $a+b=2$.

3. 设随机变量 $X\sim N(\mu,\sigma^2)$，则随着 σ 的增大，概率 $P\{|X-\mu|<\sigma\}$(　　)

(A) 单调增大.　　(B) 单调减小.　　(C) 保持不变.　　(D) 增减不定.

二、填空题

4. 已知随机变量 X 的概率密度函数 $f(x)=\frac{1}{2}e^{-|x|}$，$-\infty<x<+\infty$，则 X 的分布函数 $F(x)=$________.

5. 设随机变量 X 的分布函数为

$$F(x)=\begin{cases}0, & x<0,\\ A\sin x, & 0\leqslant x\leqslant \frac{\pi}{2},\\ 1, & x>\frac{\pi}{2},\end{cases}$$

则 $P\left\{|X|<\frac{\pi}{6}\right\}=$________.

6. 若随机变量 ξ 在 $(1,6)$ 上服从均匀分布，则方程 $x^2+\xi x+1=0$ 有实根的概率是________.

7. 设随机变量 X 的概率密度为 $f(x)=\begin{cases}2x, & 0<x<1\\ 0, & 其他\end{cases}$，以 Y 表示对 X 的三次独立重复观察中事件 $\left\{X\leqslant\frac{1}{2}\right\}$ 出现的次数，则 $P\{Y=2\}=$________.

8. 设随机变量 X 服从正态分布 $N(2,\sigma^2)$，且 $P\{2<X<4\}=0.3$，则 $P\{X<0\}=$________.

三、解答题

9. 设随机变量 X 的概率密度为 $f_X(x)=\begin{cases}\frac{x^3}{4}, & 0\leqslant x\leqslant 2\\ 0, & 其他\end{cases}$，求 $Y=X^2+1$ 的概率密度.

10. 设随机变量 X 的概率密度为 $f(x)=\begin{cases}\frac{1}{9}x^2, & 0<x<3\\ 0, & 其他\end{cases}$，令随机变量

$$Y=\begin{cases}2, & X\leqslant 1,\\ X, & 1<X<2,\\ 1, & X\geqslant 2.\end{cases}$$

(1) 求 Y 的分布函数；

(2) 求概率 $P\{X\leqslant Y\}$.

第三章　多维随机变量及其分布

问题 1　分布律、分布函数与概率密度的相关问题

问题 2　二维随机变量的概率问题

问题 3　两个随机变量的函数的分布问题

第三章　多维随机变量及其分布

抛砖引玉

【引例】小明概率论与数理统计课程的平时、期中、期末成绩分别为100分、80分、40分，而他的女朋友小红的这三项成绩分别为100分、90分、70分.

如果用随机变量X和Y来分别表示小明和小红的各项成绩(单位:分)，那么(X,Y)就能看作一个**二维随机变量**. 假设(X,Y)的分布律为

X \ Y	100	90	70
100	0.01	0.02	0.07
80	0.02	0.04	0.14
40	0.07	0.14	0.49

而这又称为X和Y的**联合分布律**，并且表格中间的九个数都是"X取某值并且Y取某值"的概率，比如$P\{X=100,Y=100\}=0.01$，$P\{X=100,Y=90\}=0.02$.

根据已知的联合分布律，试求：

(1) X和Y的分布律；

(2) 条件概率$P\{X=100|Y=90\}$和$P\{Y=90|X=100\}$.

【分析与解答】(1) 先分别求X取100,80,40的概率.

由于当X取100时，Y能取100,90,70三个值，故可以通过求X取100并且Y分别取100,90,70的概率之和来求$P\{X=100\}$，即

$$\begin{aligned}P\{X=100\}&=P\{X=100,Y=100\}+P\{X=100,Y=90\}+P\{X=100,Y=70\}\\&=0.01+0.02+0.07=0.1,\end{aligned}$$

而这无异于将X取100所对应的行中的三个概率相加.

类似地，

$$P\{X=80\}=0.02+0.04+0.14=0.2,$$

$$P\{X=40\}=0.07+0.14+0.49=0.7.$$

故X的分布律为

X	100	80	40
P	0.1	0.2	0.7

这又称为(X,Y)关于X的**边缘分布律**.

再分别求Y取100,90,70的概率.

由于当Y取100时，X能取100,80,40三个值，故可以通过求Y取100并且X分别取

100,80,40 的概率之和来求 $P\{Y=100\}$,即

$$P\{Y=100\}=P\{X=100,Y=100\}+P\{X=80,Y=100\}+P\{X=40,Y=100\}$$
$$=0.01+0.02+0.07=0.1,$$

而这无异于将 Y 取 100 所对应的列中的三个概率相加.

类似地,

$$P\{Y=90\}=0.02+0.04+0.14=0.2,$$
$$P\{Y=70\}=0.07+0.14+0.49=0.7.$$

故 Y 的分布律为

Y	100	90	70
P	0.1	0.2	0.7

这又称为 (X,Y) 关于 Y 的边缘分布律.

(2) 根据条件概率的定义式

$$P(B\mid A)=\frac{P(AB)}{P(A)}\quad (P(A)\neq 0),$$

有

$$P\{X=100\mid Y=90\}=\frac{P\{X=100,Y=90\}}{P\{Y=90\}}=\frac{0.02}{0.2}=0.1,$$
$$P\{Y=90\mid X=100\}=\frac{P\{X=100,Y=90\}}{P\{X=100\}}=\frac{0.02}{0.1}=0.2.$$

这样的条件概率可以构成**条件分布律**.不难发现,在求 $P\{X=100|Y=90\}$ 时,$P\{X=100,Y=90\}$ 来自联合分布律,$P\{Y=90\}$ 来自 Y 的边缘分布律;而在求 $P\{Y=90|X=100\}$ 时,$P\{X=100,Y=90\}$ 和 $P\{X=100\}$ 也分别来自联合分布律和 X 的边缘分布律.

本章的内容就是围绕着联合分布、边缘分布和条件分布这三种分布而展开的,并且它们之间的关系可以概括为"条件 $=\frac{\text{联合}}{\text{边缘}}$".

问题 1　分布律、分布函数与概率密度的相关问题

知识储备

1. 二维随机变量

设随机试验的样本空间为 $S=\{e\}$, 且 $X=X(e)$ 和 $Y=Y(e)$ 是定义在 S 上的随机变量,则由它们构成的一个向量 (X,Y) 称为二维随机变量(或二维随机向量).

2. 二维随机变量的联合分布、边缘分布与条件分布

二维随机变量 (X,Y) 的联合发布、边缘分布与条件分布如表 3-1 所列.

表 3-1

分　布	分布函数	分布律	概率密度
联合分布	设(X,Y)是二维随机变量，x,y是任意实数，则称二元函数 $F(x,y)=P\{X\leqslant x,Y\leqslant y\}$ 为(X,Y)的分布函数，也可称为随机变量X和Y的联合分布函数	若二维随机变量(X,Y)全部可能取到的值是有限对或可列无限多对，则称(X,Y)为离散型随机变量. 设二维离散型随机变量(X,Y)所有可能取的值为(x_i,y_j)，$i,j=1,2,\cdots$，则称 $P\{X=x_i,Y=y_j\}=p_{ij}$ 为(X,Y)的分布律(或概率分布)，也可称为随机变量X和Y的联合分布律	若对于二维随机变量(X,Y)的分布函数$F(x,y)$，存在非负可积函数$f(x,y)$，使对于任意实数x,y有 $F(x,y)=\int_{-\infty}^{x}\mathrm{d}u\int_{-\infty}^{y}f(u,v)\mathrm{d}v$，则称$(X,Y)$为连续型随机变量，$f(x,y)$称为$(X,Y)$的概率密度，也可称为随机变量$X$和$Y$的联合概率密度
边缘分布	分别称 $F_X(x)=\lim\limits_{y\to+\infty}F(x,y)$，$F_Y(y)=\lim\limits_{x\to+\infty}F(x,y)$ 为(X,Y)关于X和关于Y的边缘分布函数	分别称 $P\{X=x_i\}=\sum\limits_{j=1}^{+\infty}P\{X=x_i,Y=y_j\}$，$P\{Y=y_j\}=\sum\limits_{i=1}^{+\infty}P\{X=x_i,Y=y_j\}$ 为(X,Y)关于X和关于Y的边缘分布律	分别称 $f_X(x)=\int_{-\infty}^{+\infty}f(x,y)\mathrm{d}y$，$f_Y(y)=\int_{-\infty}^{+\infty}f(x,y)\mathrm{d}x$ 为(X,Y)关于X和关于Y的边缘概率密度
条件分布	—	对于固定的i，当$P\{Y=y_j\}\neq0$时，称 $P\{X=x_i\mid Y=y_j\}=\dfrac{P\{X=x_i,Y=y_j\}}{P\{Y=y_j\}}$ 为在$Y=y_j$的条件下X的条件分布律；对于固定的j，当$P\{X=x_i\}\neq0$时，称 $P\{Y=y_j\mid X=x_i\}=\dfrac{P\{X=x_i,Y=y_j\}}{P\{X=x_i\}}$ 为在$X=x_i$的条件下Y的条件分布律	对于固定的y，当$f_Y(y)\neq0$时，称 $f_{X\mid Y}(x\mid y)=\dfrac{f(x,y)}{f_Y(y)}$ 为在$Y=y$的条件下X的条件概率密度；对于固定的x，当$f_X(x)\neq0$时，称 $f_{Y\mid X}(y\mid x)=\dfrac{f(x,y)}{f_X(x)}$ 为在$X=x$的条件下Y的条件概率密度

【注】

(i) 如果说一维离散型随机变量的分布律与一维连续型随机变量的概率密度“扮演着相同的角色”，那么**二维离散型随机变量的联合分布律与二维连续型随机变量的联合概率密度其实也“扮演着相同的角色”**. 联合分布律$P\{X=x_i,Y=y_j\}$描述了离散型随机变量X取x_i并且Y取y_j的概率；而连续型随机变量X和Y的联合概率密度$f(x,y)$可看作描述了X取x并且Y取y的可能性随着x,y的变化而变化的情况. 因此，它们都有类似的非负性和归一性(见表 3-2).

(ii) **其实，所谓二维随机变量(X,Y)关于X和关于Y的边缘分布，就是一维随机变量X和Y各自的分布.**

随机变量X和Y的联合分布律$P\{X=x_i,Y=y_j\}=p_{ij}(i,j=1,2,\cdots)$可表示为

$X \backslash Y$	y_1	y_2	$\cdots$	y_j	$\cdots$
x_1	p_{11}	p_{12}	$\cdots$	p_{1j}	$\cdots$
x_2	p_{21}	p_{22}	$\cdots$	p_{2j}	$\cdots$
$\vdots$	$\vdots$	$\vdots$		$\vdots$	
x_i	p_{i1}	p_{i2}	$\cdots$	p_{ij}	$\cdots$
$\vdots$	$\vdots$	$\vdots$		$\vdots$	

若要求 X 的分布律 $P\{X=x_i\}$，则可求 X 取 x_i 并且 Y 分别取 $y_1, y_2, \cdots$ 的概率之和，即

$$p_{i\cdot}=P\{X=x_i\}=P\{X=x_i, Y=y_1\}+P\{X=x_i, Y=y_2\}+\cdots=\sum_{j=1}^{+\infty} P\{X=x_i, Y=y_j\}$$

同理，若要求 Y 的分布律 $P\{Y=y_j\}$，则可求 Y 取 y_j 并且 X 分别取 $x_1, x_2, \cdots$ 的概率之和，即

$$p_{\cdot j}=P\{Y=y_j\}=P\{X=x_1, Y=y_j\}+P\{X=x_2, Y=y_j\}+\cdots=\sum_{i=1}^{+\infty} P\{X=x_i, Y=y_j\}$$

而 X 和 Y 各自的分布律常常写在联合分布律的边缘上，即

$X \backslash Y$	y_1	y_2	$\cdots$	y_j	$\cdots$	$P\{X=x_i\}$
x_1	p_{11}	p_{12}	$\cdots$	p_{1j}	$\cdots$	$p_{1\cdot}$
x_2	p_{21}	p_{22}	$\cdots$	p_{2j}	$\cdots$	$p_{2\cdot}$
$\vdots$	$\vdots$	$\vdots$		$\vdots$		$\vdots$
x_i	p_{i1}	p_{i2}	$\cdots$	p_{ij}	$\cdots$	$p_{i\cdot}$
$\vdots$	$\vdots$	$\vdots$		$\vdots$		$\vdots$
$P\{Y=y_j\}$	$p_{\cdot 1}$	$p_{\cdot 2}$	$\cdots$	$p_{\cdot j}$	$\cdots$	1

对于二维连续型随机变量(X,Y)，由于 Y 的取值无法一一列出，难以再去计算 X 取 x 并且 Y 分别取各值的概率之和，故可通过求联合概率密度 $f(x,y)$ 对 y 的积分，即 $\int_{-\infty}^{+\infty} f(x,y)\mathrm{d}y$，来求 X 的概率密度；同理，由于 X 的取值无法一一列出，难以再去计算 Y 取 y 并且 X 分别取各值的概率之和，故可通过求联合概率密度 $f(x,y)$ 对 x 的积分，即 $\int_{-\infty}^{+\infty} f(x,y)\mathrm{d}x$，来求 Y 的概率密度.

此外，根据一维随机变量的分布函数的定义，有

$$F_X(x)=P\{X\leqslant x\}=P\{X\leqslant x, Y\leqslant+\infty\}=\lim_{y\to+\infty} P\{X\leqslant x, Y\leqslant y\}=\lim_{y\to+\infty} F(x,y),$$
$$F_Y(y)=P\{Y\leqslant y\}=P\{X\leqslant+\infty, Y\leqslant y\}=\lim_{x\to+\infty} P\{X\leqslant x, Y\leqslant y\}=\lim_{x\to+\infty} F(x,y).$$

(iii) 条件分布律和条件概率密度的计算公式可概括为“条件$=\dfrac{\text{联合}}{\text{边缘}}$”. 而值得注意的是，**条件分布律（概率密度）只有当作分母的边缘分布律（概率密度）不为零时才有定义.**

3. 联合分布律与联合概率密度的性质

随机变量 X 和 Y 的联合分布律 $P\{X=x_i,Y=y_j\}$ 与联合概率密度 $f(x,y)$ 的性质如表 3－2 所列.

表 3－2

联合分布律的性质	联合概率密度的性质
①（非负性）$P\{X=x_i,Y=y_j\}\geqslant 0$； ②（归一性）$\sum\limits_{i=1}^{+\infty}\sum\limits_{j=1}^{+\infty}P\{X=x_i,Y=y_j\}=1$	①（非负性）$f(x,y)\geqslant 0$； ②（归一性）$\int_{-\infty}^{+\infty}\mathrm{d}x\int_{-\infty}^{+\infty}f(x,y)\mathrm{d}y=1$

【注】参看表 2－2，一维随机变量的分布律和概率密度也有类似的非负性和归一性.

4. 两个随机变量的独立性

随机变量 X,Y 相互独立的定义与充分必要条件如表 3－3 所列.

表 3－3

定　义	若 $F(x,y)=F_X(x)F_Y(y)$，则称 X,Y 相互独立，简称 X,Y 独立
充分必要条件 1（离散型随机变量）	$P\{X=x_i,Y=y_j\}=P\{X=x_i\}P\{Y=y_j\}\Leftrightarrow X,Y$ 相互独立
充分必要条件 2（连续型随机变量）	$f(x,y)=f_X(x)f_Y(y)\Leftrightarrow X,Y$ 相互独立

【注】

(i) 随机变量的独立性与第一章所探讨的随机事件的独立性十分类似. 一般情况下，

① 对于随机事件 A,B，当 $P(B)\neq 0$ 时，

$$P(AB)=P(A\mid B)P(B);$$

② 对于离散型随机变量 X,Y，当 $P\{Y=y_j\}\neq 0$ 时，

$$P\{X=x_i,Y=y_j\}=P\{X=x_i\mid Y=y_j\}P\{Y=y_j\};$$

③ 对于连续型随机变量 X,Y，当 $f_Y(y)\neq 0$ 时，

$$f(x,y)=f_{X|Y}(x\mid y)f_Y(y).$$

一旦 $P(A|B)=P(A)$，那么说明 B 的发生与否对 A 发生的可能性毫无影响，而此时 A,B 独立. 类似地，一旦 $P\{X=x_i|Y=y_j\}=P\{X=x_i\}$ 或 $f_{X|Y}(x|y)=f_X(x)$，那么说明 Y 的取值对 X 的分布情况毫无影响，而此时 X,Y 独立. 如果说"A,B 同时发生的概率＝A 发生的概率×B 发生的概率"意味着 A,B 独立，那么"X,Y 的联合＝X 的边缘×Y 的边缘"就意味着 X,Y 独立.

(ii) 若随机变量 $X_1,X_2,\cdots,X_n$ 相互独立，则其中任意 $k(2\leqslant k\leqslant n)$ 个随机变量也相互独立.

(iii) 若随机变量 $X_{11},X_{12},\cdots,X_{1t_1},X_{21},X_{22}\cdots,X_{2t_2},\cdots,X_{n1},X_{n2},\cdots,X_{nt_n}$ 相互独立，且 $g_1,g_2,\cdots,g_n$ 为连续函数，则随机变量

$$g_1(X_{11},X_{12},\cdots,X_{1t_1}),g_2(X_{21},X_{22}\cdots,X_{2t_2}),\cdots,g_n(X_{n1},X_{n2},\cdots,X_{nt_n})$$

也相互独立.

(iv) 根据随机变量的独立性的定义，若 X,Y 独立，则对于任意实数 a,b，有

$$P\{X\leqslant a,Y\leqslant b\}=P\{X\leqslant a\}P\{Y\leqslant b\},$$

这意味着事件 $\{X\leqslant a\}$ 和事件 $\{Y\leqslant b\}$ 也独立. 由此可见，当 X,Y 独立时，可以考虑将关于 X,Y 的事件的概率拆分为只关于 X 和只关于 Y 的事件的概率之积.

问题研究

题眼探索 对于多维随机变量的探讨，其落脚点主要在二维随机变量. 探讨的内容与一维随机变量是完全一致的：先谈它的分布律、分布函数与概率密度(问题 1)，再谈二维随机变量的概率(问题 2)，最后讨论两个随机变量的函数 $Z=g(X,Y)$ 的分布(问题 3).

相比一维随机变量，二维随机变量的分布律、分布函数与概率密度问题更为复杂，这是因为涉及到了联合分布、边缘分布和条件分布这三种分布. 于是，**问题的主线就是这三种分布的互求**，而计算公式都在表 3-1 中.

1. 分布律的相关问题

【例 1】 设 A,B 为两个随机事件，且 $P(A)=\dfrac{1}{4}$，$P(B|A)=\dfrac{1}{3}$，$P(A|B)=\dfrac{1}{2}$，令随机变量

$$X=\begin{cases}1, & A\text{ 发生},\\ 0, & A\text{ 不发生},\end{cases}\quad Y=\begin{cases}1, & B\text{ 发生},\\ 0, & B\text{ 不发生}.\end{cases}$$

(1) 求 X 和 Y 的联合分布律；

(2) 求 X 和 Y 的边缘分布律；

(3) 求在 $Y=0$ 的条件下，X 的条件分布律.

【解】(1) 由于

$$P\{X=1,Y=1\}=P(AB)=P(B\mid A)P(A)=\frac{1}{12},$$

$$P\{X=1,Y=0\}=P(A\overline{B})=P(A)-P(AB)=\frac{1}{6},$$

$$P\{X=0,Y=1\}=P(\overline{A}B)=P(B)-P(AB)=\frac{P(AB)}{P(A\mid B)}-P(AB)=\frac{1}{12},$$

$$P\{X=0,Y=0\}=P(\overline{A}\,\overline{B})=1-P(A\cup B)=1-[P(A)+P(B)-P(AB)]=\frac{2}{3},$$

故 X 和 Y 的联合分布律为

$X \backslash Y$	0	1
0	$\frac{2}{3}$	$\frac{1}{12}$
1	$\frac{1}{6}$	$\frac{1}{12}$

（2）由于

$$P\{X=0\}=P\{X=0,Y=0\}+P\{X=0,Y=1\}=\frac{2}{3}+\frac{1}{12}=\frac{3}{4},$$

$$P\{X=1\}=P\{X=1,Y=0\}+P\{X=1,Y=1\}=\frac{1}{6}+\frac{1}{12}=\frac{1}{4},$$

故 X 的边缘分布律为

X	0	1
P	$\frac{3}{4}$	$\frac{1}{4}$

由于

$$P\{Y=0\}=P\{X=0,Y=0\}+P\{X=1,Y=0\}=\frac{2}{3}+\frac{1}{6}=\frac{5}{6},$$

$$P\{Y=1\}=P\{X=0,Y=1\}+P\{X=1,Y=1\}=\frac{1}{12}+\frac{1}{12}=\frac{1}{6},$$

故 Y 的边缘分布律为

Y	0	1
P	$\frac{5}{6}$	$\frac{1}{6}$

（3）由于

$$P\{X=0\mid Y=0\}=\frac{P\{X=0,Y=0\}}{P\{Y=0\}}=\frac{\frac{2}{3}}{\frac{5}{6}}=\frac{4}{5},$$

$$P\{X=1\mid Y=0\}=\frac{P\{X=1,Y=0\}}{P\{Y=0\}}=\frac{\frac{1}{6}}{\frac{5}{6}}=\frac{1}{5},$$

故在 $Y=0$ 的条件下，X 的条件分布律为

$X=k$	0	1
$P\{X=k\mid Y=0\}$	$\frac{4}{5}$	$\frac{1}{5}$

【题外话】

(i) **求 X 和 Y 的联合分布律，就是求全部的"X 取某值并且 Y 取某值"的概率.** 本例(1)将随机变量与随机事件完美地结合了起来，其关键在于能够把随机变量的概率

$$P\{X=1,Y=1\},\quad P\{X=1,Y=0\},\quad P\{X=0,Y=1\},\quad P\{X=0,Y=0\}$$

分别转化为随机事件的概率

$$P(AB),\quad P(A\overline{B}),\quad P(\overline{A}B),\quad P(\overline{A}\,\overline{B}).$$

至于这些概率的计算，已经在第一章中探讨过了.

(ii) 由本例(2)可知，**在求 X 的边缘分布律时，应将表示联合分布律的表格中，X 的某取值所对应的行中的全部概率相加，从而求得 X 取该值的概率；在求 Y 的边缘分布律时，应将 Y 的某取值所对应的列中的全部概率相加，以求得 Y 取该值的概率**. 既然能由联合分布律求出边缘分布律，那么是否能由边缘分布律求出联合分布律呢？请看例 2.

【例 2】 (2011 年考研题)设随机变量 X,Y 的概率分布分别为

X	0	1
P	$\frac{1}{3}$	$\frac{2}{3}$

Y	-1	0	1
P	$\frac{1}{3}$	$\frac{1}{3}$	$\frac{1}{3}$

且 $P\{X^2=Y^2\}=1$，求二维随机变量(X,Y)的概率分布.

【分析与解答】本例既然要求 X 和 Y 的联合分布律，那么不妨先根据 X,Y 的取值来"搭架子". 设

X \ Y	-1	0	1	$P\{X=i\}$
0	a	b	c	$\frac{1}{3}$
1	d	e	f	$\frac{2}{3}$
$P\{Y=j\}$	$\frac{1}{3}$	$\frac{1}{3}$	$\frac{1}{3}$	1

问题是 a,b,c,d,e,f 这六个概率该怎么求呢？条件 $P\{X^2=Y^2\}=1$ 是本例的突破口，它的言外之意是 $P\{X^2\neq Y^2\}=0$，如此则 $a=c=e=0$.

一旦"瓦解"了 a,c,e 这三个概率，那么只要利用 Y 的边缘分布律，则剩下的 b,d,f 这三个概率也就随之"瓦解"了：由 $a+d=b+e=c+f=\frac{1}{3}$ 可知 $b=d=f=\frac{1}{3}$. 于是，X 和 Y 的联合分布律便被彻底"瓦解"了，即得

X \ Y	-1	0	1
0	0	$\frac{1}{3}$	0
1	$\frac{1}{3}$	0	$\frac{1}{3}$

【题外话】本例告诉我们，**如果另给出一个概率，那么有时可以由 X 和 Y 的边缘分布律求出联合分布律**. 然而，一般情况下，若没有其他条件，则无法仅凭 X 和 Y 的边缘分布律得到联合分布律. 当然在 X,Y 独立的条件下，不但可以通过

$$P\{X=x_i,Y=y_j\}=P\{X=x_i\}P\{Y=y_j\}$$

来由 X 和 Y 的边缘分布律求出联合分布律，还可以确定联合分布律中的未知参数，比如例 3.

【例 3】 设二维随机变量(X,Y)的分布律为

X \ Y	0	1	2
-1	0.07	a	0.1
1	b	0.24	0.3

若 X 与 Y 相互独立，求 a,b 的值.

【分析与解答】本例如果要利用 X,Y 独立的充分必要条件

$$P\{X=x_i,Y=y_j\}=P\{X=x_i\}P\{Y=y_j\} \tag{3-1}$$

来求 a,b，那么恐怕就得先求出 X 和 Y 的边缘分布律：

X	-1	1
P	$a+0.17$	$b+0.54$

Y	0	1	2
P	$b+0.07$	$a+0.24$	0.4

根据式(3-1)，可以列出六个方程，而求两个参数却只需要两个方程. 不妨选取其中会使运算更方便的两个方程，列方程组

$$\begin{cases}P\{X=-1,Y=2\}=P\{X=-1\}P\{Y=2\},\\ P\{X=1,Y=2\}=P\{X=1\}P\{Y=2\},\end{cases}$$

即 $\begin{cases}0.4(a+0.17)=0.1\\ 0.4(b+0.54)=0.3\end{cases}$，解得 $\begin{cases}a=0.08\\ b=0.21\end{cases}$. 当然，也可以利用分布律的归一性，列方程组

$$\begin{cases}0.4(a+0.17)=0.1,\\ (a+0.17)+(b+0.54)=1\end{cases}$$

来求 a,b.

然而，这样求 a,b 终究颇费周折. 那么，能否不求 X 和 Y 的边缘分布律，而直接求出 a，b 的值呢？

让我们来揭示相互独立的随机变量 X,Y 的联合分布律中所隐藏的“秘密”. 假设 X 和 Y 的边缘分布律分别为

X	-1	1
P	p_1	p_2

Y	0	1	2
P	q_1	q_2	q_3

则根据式(3-1)，便可得联合分布律为

X \ Y	0	1	2
-1	p_1q_1	p_1q_2	p_1q_3
1	p_2q_1	p_2q_2	p_2q_3

不难发现，表中的概率两行成比例.

哈！根据 X 和 Y 的联合分布律两行成比例，本例竟然成了一道“口算题”.

【题外话】本例揭示了一个重要的结论：**离散型随机变量 X,Y 独立的充分必要条件是其联合分布律各行(列)成比例**. 那么，相互独立的连续型随机变量 X,Y 的联合概率密度又有什么特点呢？设 X 和 Y 的边缘概率密度分别为

$$f_X(x)=\begin{cases}f_1(x), & a<x<b,\\0, & \text{其他},\end{cases}\qquad f_Y(y)=\begin{cases}f_2(y), & c<y<d,\\0, & \text{其他},\end{cases}$$

则当 X,Y 独立时，其联合概率密度

$$f(x,y)=f_X(x)f_Y(y)=\begin{cases}f_1(x)f_2(y), & a<x<b,c<y<d,\\0, & \text{其他}.\end{cases}$$

由此可见，**若连续型随机变量 X,Y 独立，则其联合概率密度中函数值非零的区域必为方形区域**(比如，对于例 6，由于 $f(x,y)$ 中函数值非零的区域 $\{(x,y)\mid 0<x<2,0<y<x^2\}$ 不是方形区域，故能断定 X,Y 不独立)。但反之并不成立.

2. 分布函数的相关问题

题眼探索 关于二维随机变量的分布函数，主要有以下两个问题：

1. 已知 X 和 Y 的联合分布函数 $F(x,y)$，利用

$$F_X(x)=\lim_{y\to+\infty}F(x,y), \tag{3-2}$$

$$F_Y(y)=\lim_{x\to+\infty}F(x,y) \tag{3-3}$$

来求边缘分布函数 $F_X(x),F_Y(y)$.

2. 已知 X 和 Y 的联合概率密度 $f(x,y)$，利用

$$F(x,y)=\int_{-\infty}^{x}\mathrm{d}u\int_{-\infty}^{y}f(u,v)\mathrm{d}v$$

来求联合分布函数 $F(x,y)$.

(1) 已知联合分布函数，求边缘分布函数

【例 4】 已知二维随机变量 (X,Y) 的分布函数为

$$F(x,y)=\begin{cases}(1-\mathrm{e}^{-x})y, x\geqslant 0, & 0\leqslant y\leqslant 1,\\1-\mathrm{e}^{-x}, & x\geqslant 0,y>1,\\0, & \text{其他},\end{cases}$$

问随机变量 X,Y 是否相互独立？并说明理由.

【解】 $F_X(x)=\lim\limits_{y\to+\infty}F(x,y)=\begin{cases}1-\mathrm{e}^{-x}, & x\geqslant 0,\\0, & x<0.\end{cases}$

$$F_Y(y)=\lim_{x\to+\infty}F(x,y)=\begin{cases}y, & 0\leqslant y\leqslant 1,\\1, & y>1,\\0, & y<0.\end{cases}$$

由于 $F_X(x)F_Y(y)=F(x,y)$，故 X,Y 相互独立.

【题外话】 本例在利用式(3-2)求 $F_X(x)$ 时，应把 x 看作常量，又由于要求的是当 $y\to+\infty$ 时的极限，故只需考虑当 $y>1$ 时的情况；在利用式(3-3)求 $F_Y(y)$ 时，应把 y 看作常量，并分别考虑当 $0\leqslant y\leqslant 1$ 时和当 $y>1$ 时的情况.

(2) 已知联合概率密度，求联合分布函数

【例 5】 设随机变量 X 和 Y 的联合概率密度为

$$f(x,y)=\begin{cases}\dfrac{4x}{y^3}, & 0<x<1,y>1,\\ 0, & 其他,\end{cases}$$

求 X 和 Y 的联合分布函数.

【解】当 $x<0$ 或 $y<1$ 时,

$$F(x,y)=\int_{-\infty}^{x}\mathrm{d}u\int_{-\infty}^{y}f(u,v)\mathrm{d}v=0;$$

当 $0\leqslant x<1$ 且 $y\geqslant 1$ 时,

$$F(x,y)=\int_{-\infty}^{x}\mathrm{d}u\int_{-\infty}^{y}f(u,v)\mathrm{d}v=\int_{0}^{x}\mathrm{d}u\int_{1}^{y}\frac{4u}{v^3}\mathrm{d}v=\int_{0}^{x}2u\left(1-\frac{1}{y^2}\right)\mathrm{d}u=x^2\left(1-\frac{1}{y^2}\right);$$

当 $x\geqslant 1$ 且 $y\geqslant 1$ 时,

$$F(x,y)=\int_{-\infty}^{x}\mathrm{d}u\int_{-\infty}^{y}f(u,v)\mathrm{d}v=\int_{0}^{1}\mathrm{d}u\int_{1}^{y}\frac{4u}{v^3}\mathrm{d}v=\int_{0}^{1}2u\left(1-\frac{1}{y^2}\right)\mathrm{d}u=1-\frac{1}{y^2}.$$

故 X 和 Y 的联合分布函数为

$$F(x,y)=\begin{cases}0, & x<0 或 y<1,\\ x^2\left(1-\dfrac{1}{y^2}\right), & 0\leqslant x<1,y\geqslant 1,\\ 1-\dfrac{1}{y^2}, & x\geqslant 1,y\geqslant 1.\end{cases}$$

【题外话】类似于一维随机变量的分布函数,二维随机变量的联合分布函数 $F(x,y)$ 也满足 $0\leqslant F(x,y)\leqslant 1$,且关于 x 和 y 是单调不减且右连续的函数.

3. 概率密度的相关问题

题眼探索　根据表 3-1,X 和 Y 的联合概率密度 $f(x,y)$,与边缘概率密度 $f_X(x)$,$f_Y(y)$之间的关系分别为

$$f_X(x)=\int_{-\infty}^{+\infty}f(x,y)\mathrm{d}y, \tag{3-4}$$

$$f_Y(y)=\int_{-\infty}^{+\infty}f(x,y)\mathrm{d}x. \tag{3-5}$$

而它们与条件概率密度 $f_{Y|X}(y|x)$,$f_{X|Y}(x|y)$之间的关系又分别为

$$f_{Y|X}(y|x)=\frac{f(x,y)}{f_X(x)}(f_X(x)\neq 0), \tag{3-6}$$

$$f_{X|Y}(x|y)=\frac{f(x,y)}{f_Y(y)}(f_Y(y)\neq 0). \tag{3-7}$$

在利用式(3-4)和式(3-5)求边缘概率密度时,被积函数往往要选取联合概率密度中函数值非零的部分,而积分区间也就不再是$(-\infty,+\infty)$了.那么,该如何确定积分区间呢?此外,对于由联合概率密度所求的边缘和条件概率密度,它们函数值非零的区域(或区间)又是什么呢?让我们在例 6 中细细体会.

(1) 已知联合概率密度,求边缘和条件概率密度

【例 6】 设二维随机变量(X,Y)的概率密度为

$$f(x,y)=\begin{cases}Axy, & 0<x<2,0<y<x^2,\\ 0, & \text{其他}.\end{cases} \tag{3-8}$$

(1) 求常数 A;

(2) 求 X 和 Y 的边缘概率密度;

(3) 求条件概率密度 $f_{Y|X}(y|x)$.

【解】(1) $\int_{-\infty}^{+\infty}\mathrm{d}x\int_{-\infty}^{+\infty}f(x,y)\mathrm{d}y=\int_0^2\mathrm{d}x\int_0^{x^2}Axy\mathrm{d}y=A\int_0^2\frac{1}{2}x^5\mathrm{d}x=\frac{16}{3}A.$

由 $\int_{-\infty}^{+\infty}\mathrm{d}x\int_{-\infty}^{+\infty}f(x,y)\mathrm{d}y=1$ 可知,$A=\frac{3}{16}$.

(2) 当 $0<x<2$ 时,$f_X(x)=\int_0^{x^2}\frac{3}{16}xy\mathrm{d}y=\frac{3}{16}x\left[\frac{1}{2}y^2\right]_0^{x^2}=\frac{3}{32}x^5$.

故

$$f_X(x)=\begin{cases}\frac{3}{32}x^5, & 0<x<2,\\ 0, & \text{其他}.\end{cases}$$

当 $0<y<4$ 时,$f_Y(y)=\int_{\sqrt{y}}^2\frac{3}{16}xy\mathrm{d}x=\frac{3}{16}y\left[\frac{1}{2}x^2\right]_{\sqrt{y}}^2=\frac{3}{32}y(4-y)$.

故

$$f_Y(y)=\begin{cases}\frac{3}{32}y(4-y), & 0<y<4,\\ 0, & \text{其他}.\end{cases}$$

(3) 当 $f_X(x)\neq0$,即 $0<x<2$ 时,

$$f_{Y|X}(y\mid x)=\frac{f(x,y)}{f_X(x)}=\begin{cases}\frac{2y}{x^4}, & 0<y<x^2,\\ 0, & \text{其他}.\end{cases} \tag{3-9}$$

【题外话】

(i) 由本例(1)可知,类似于一维随机变量的概率密度(可参看第二章例 5(2)和例 8),**若已知二维随机变量的联合概率密度 $f(x,y)$ 的表达式,则仍然不需要任何其他条件,就能够根据它的归一性**

$$\int_{-\infty}^{+\infty}\mathrm{d}x\int_{-\infty}^{+\infty}f(x,y)\mathrm{d}y=1,$$

求出其中所含的 1 个参数.

(ii) **在利用式(3-4)求 $f_X(x)$ 时,$f_X(x)$ 函数值非零的区间为 $f(x,y)$ 函数值非零的区域对应于 x 的范围,并且应把 x 看作常量,去求对 y 的积分,而积分区间往往与 x 有关;在利用式(3-5)求 $f_Y(y)$ 时,$f_Y(y)$ 函数值非零的区间为 $f(x,y)$ 函数值非零的区域对应于 y 的范围,并且应把 y 看作常量,去求对 x 的积分,而积分区间往往与 y 有关.** 就本例(2)而言,在求 $f_X(x)$ 时,$f_X(x)$ 函数值非零的区间为 $f(x,y)$ 函数值非零的区域

$$G=\{(x,y)\mid 0<x<2,0<y<x^2\}$$

对应于 x 的范围 $(0,2)$，并且积分区间为与 x 有关的区间 $[0,x^2]$（如图 3－1(a)所示）；在求 $f_Y(y)$ 时，$f_Y(y)$ 函数值非零的区间为区域 G 对应于 y 的范围 $(0,4)$，并且积分区间为与 y 有关的区间 $[\sqrt{y},2]$（如图 3－1(b)所示）.

(iii) 本例(3)在利用式(3－6)求 $f_{Y|X}(y|x)$ 时，**需要注意只有当 $f_X(x)\neq0$ 时 $f_{Y|X}(y|x)$ 才有定义**，故应该把"当 $0<x<2$ 时"写在 $f_{Y|X}(y|x)$ 表达式的前面，而切莫直接把 $f_{Y|X}(y|x)$ 的表达式误写成

$$f_{Y|X}(y\mid x)=\begin{cases}\dfrac{2y}{x^4}, & 0<x<2,0<y<x^2,\\ 0, & \text{其他}.\end{cases}$$

从另一个角度说，式(3－8)与式(3－9)中的"其他"所表示的区域相同吗？并不相同. 式(3－8)中的"其他"表示除了区域 G 以外的全部区域，而式(3－9)中的"其他"仅仅表示图 3－2 中阴影部分的区域（当 $x\leqslant0$ 或 $x\geqslant2$ 时，$f_{Y|X}(y|x)$ 是没有定义的）. 只有区分了这两个"其他"的不同含义，才真正理解了条件概率密度的定义域. 而条件概率密度的定义域问题，虽然只体现在本例(3)的细节上，但是对于例 7，它将产生更大的影响.

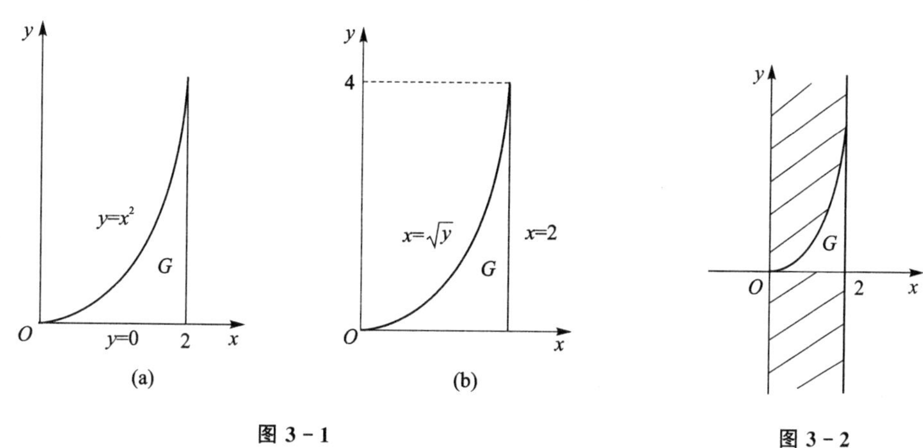

图 3－1　　　　图 3－2

(2) 已知边缘和条件概率密度，求联合概率密度

【例 7】 (2004 年考研题)设随机变量 X 在区间 $(0,1)$ 上服从均匀分布，在 $X=x(0<x<1)$ 的条件下，随机变量 Y 在区间 $(0,x)$ 上服从均匀分布，求 X 和 Y 的联合概率密度.

【分析与解答】 本例根据题意便能轻松地写出 X 的边缘概率密度

$$f_X(x)=\begin{cases}1, & 0<x<1,\\ 0, & \text{其他},\end{cases}$$

以及条件概率密度

$$f_{Y|X}(y\mid x)=\begin{cases}\dfrac{1}{x}, & 0<y<x\\ 0, & \text{其他}\end{cases}\quad(0<x<1).$$

而根据式(3－6)，当 $0<x<1$ 时，X 和 Y 的联合概率密度

$$f(x,y)=f_{Y|X}(y\mid x)f_X(x)=\begin{cases}\dfrac{1}{x}, & 0<y<x,\\ 0, & \text{其他}.\end{cases}\tag{3-10}$$

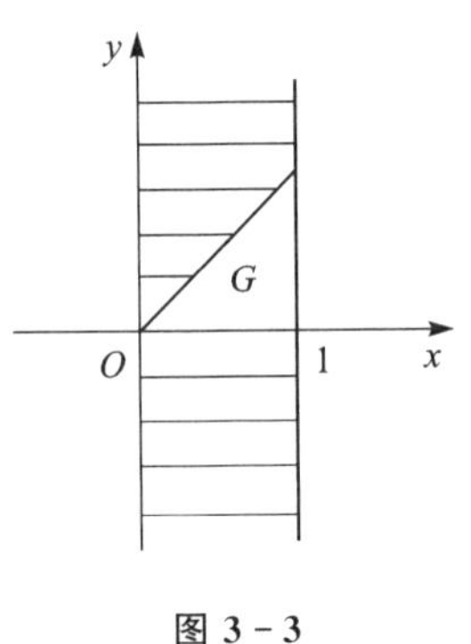

图 3-3

问题是 $f(x,y)$ 的表达式求完了吗？并没有. 因为只有当 $0<x<1$ 时（此时 $f_X(x)\neq 0$），$f_{Y|X}(y|x)$ 才有定义，所以式(3-10)仅仅是 $f(x,y)$ 在 $0<x<1$ 时的表达式，并且式(3-10)中的"其他"表示图 3-3 中阴影部分的区域.

那么，$f(x,y)$ 在 $x\leqslant 0$ 或 $x\geqslant 1$ 时的表达式该怎么求呢？如果 $f(x,y)=\dfrac{1}{x}$ 在区域

$$G=\{(x,y)\mid 0<x<1,0<y<x\}$$

上的二重积分等于 1，那么根据联合概率密度的归一性，可以断定 $f(x,y)$ 在除了区域 G 以外的全部区域上都为零，当然也包括在 $x\leqslant 0$ 或 $x\geqslant 1$ 时. 于是，由

$$\iint\limits_G \frac{1}{x}\mathrm{d}x\mathrm{d}y=\int_0^1\mathrm{d}x\int_0^x\frac{1}{x}\mathrm{d}y=\int_0^1\mathrm{d}x=1$$

可知当 $x\leqslant 0$ 或 $x\geqslant 1$ 时，$f(x,y)=0$. 这时，就能得到 $f(x,y)$ 完整的表达式：

$$f(x,y)=\begin{cases}\dfrac{1}{x}, & 0<x<1,0<y<x,\\ 0, & \text{其他}.\end{cases} \tag{3-11}$$

并且式(3-11)中的"其他"表示除了区域 G 以外的全部区域.

【题外话】

(i) **若已知边缘和条件概率密度，要求联合概率密度，则应先根据式(3-6)或式(3-7)，求出联合概率密度在相应的条件概率密度有定义的区域上（即当相应的边缘概率密度不为零时）的表达式，再根据联合概率密度的归一性，将其表达式补充完整.**

(ii) 纵观例 4～7，它们都涉及到了高等数学的方法. 与一维随机变量一样，关于二维随机变量的一些问题也需要利用高等数学的方法来解决，尤其是积分学的方法. 如果说在解决一维随机变量的相关问题时只需要求定积分，那么面对二维随机变量，不但定积分仍有用武之地（如例 6(2)），而且有时还要请二重积分出马（如例 5、例 6(1)和例 7）. 比如，在求二维连续型随机变量的概率时，定积分已经难有机会"登场"，而二重积分却是"常客".

问题 2　二维随机变量的概率问题

知识储备

1. 二维连续型随机变量的概率与联合概率密度之间的关系

设二维连续型随机变量 (X,Y) 的概率密度为 $f(x,y)$，则

$$P\{(X,Y)\in D\}=\iint\limits_D f(x,y)\mathrm{d}x\mathrm{d}y. \tag{3-12}$$

【注】 关于一维连续型随机变量，也有类似的结论，即式(2-3).

2. 二维连续型随机变量的常用分布

(1) 二维均匀分布

若二维随机变量(X,Y)的概率密度为

$$f(x,y)=\begin{cases}\dfrac{1}{S_G}, & (x,y)\in G,\\ 0, & \text{其他},\end{cases}$$

其中 S_G 为有界区域G 的面积，则称(X,Y)在区域 G 上服从均匀分布.

【注】 若(X,Y)在 G 上服从均匀分布，则

$$P\{(X,Y)\in D\}=\iint\limits_{D\cap G}\frac{1}{S_G}\mathrm{d}x\,\mathrm{d}y=\frac{S_{D\cap G}}{S_G},$$

其中，S_G 和 $S_{D\cap G}$ 分别为区域G 和区域$D\cap G$ 的面积. 由此可见，类似于一维均匀分布，在求服从均匀分布的二维随机变量的概率时，不必再求其概率密度的二重积分，可通过区域面积之比来求.

(2) 二维正态分布

设二维随机变量(X,Y)服从正态分布

$$N(\mu_1,\mu_2;\sigma_1^2,\sigma_2^2;\rho),$$

其中 $\sigma_1,\sigma_2>0$，且$|\rho|<1$，则

① X,Y 独立的充分必要条件是$\rho=0$；

② $X\sim N(\mu_1,\sigma_1^2),Y\sim N(\mu_2,\sigma_2^2)$；

③ $aX\pm bY\sim N(a\mu_1\pm b\mu_2,a^2\sigma_1^2+b^2\sigma_2^2\pm 2ab\sigma_1\sigma_2\rho)$.

【注】 虽然当(X,Y)是二维正态随机变量时，X 和 Y 一定都是一维正态随机变量，但是当 X 和 Y 都是一维正态随机变量时，(X,Y)却不一定是二维正态随机变量. 不过如果 X,Y 是相互独立的一维正态随机变量，那么(X,Y)就一定是二维正态随机变量.

问题研究

题眼探索 还记得在求一维随机变量的概率时，有哪些“帮手”吗？有分布函数、概率密度和常用分布. 而对于二维随机变量，由于几乎不会利用联合分布函数来求概率，所以失去了一个“帮手”. 不过有失必有得，随机变量的独立性成为了求概率时新的“帮手”. 此外，也可以利用联合分布律来求二维离散型随机变量的概率.

总而言之，求二维离散型随机变量的概率有两个“帮手”——联合分布律和独立性；求二维连续型随机变量的概率有三个“帮手”——联合概率密度(利用式(3-12))、独立性和常用分布(包括二维均匀分布和二维正态分布).

1. 离散型随机变量

(1) 利用联合分布律

【例 8】 (1999 年考研题)设 $X_i \sim \begin{pmatrix} -1 & 0 & 1 \\ \frac{1}{4} & \frac{1}{2} & \frac{1}{4} \end{pmatrix} (i=1,2)$,且 $P\{X_1X_2=0\}=1$,则 $P\{X_1=X_2\}=($　　$)$

(A) 0.　　(B) $\frac{1}{4}$.　　(C) $\frac{1}{2}$.　　(D) 1.

【解】 设 X_1 和 X_2 的联合分布律为

X_1 \ X_2	-1	0	1
-1	a	b	c
0	d	e	f
1	g	h	i

由于 $P\{X_1X_2=0\}=1$,故 $P\{X_1X_2\neq 0\}=0$,从而 $a=c=g=i=0$.

由 $a+b+c=g+h+i=a+d+g=c+f+i=\frac{1}{4}$ 可知,$b=h=d=f=\frac{1}{4}$. 由 $b+e+h=\frac{1}{2}$ 又可知 $e=0$.

故 X_1 和 X_2 的联合分布律为

X_1 \ X_2	-1	0	1
-1	0	$\frac{1}{4}$	0
0	$\frac{1}{4}$	0	$\frac{1}{4}$
1	0	$\frac{1}{4}$	0

于是,

$P\{X_1=X_2\}=P\{X_1=-1,X_2=-1\}+P\{X_1=0,X_2=0\}+P\{X_1=1,X_2=1\}=0$,选(A).

【题外话】 本例的关键是要能由 X_1 和 X_2 的边缘分布律

X_1	-1	0	1
P	$\frac{1}{4}$	$\frac{1}{2}$	$\frac{1}{4}$

X_2	-1	0	1
P	$\frac{1}{4}$	$\frac{1}{2}$	$\frac{1}{4}$

求出联合分布律. 其突破口在于 $P\{X_1X_2=0\}=1$ 这个条件,它的言外之意是 $P\{X_1X_2\neq 0\}=0$. 而再根据联合与边缘分布律之间的关系,就能把联合分布律中剩余的概率都求出来. 这与

例 2 十分类似.

(2) 利用独立性

【例 9】 设随机变量 X,Y 独立同分布,且

$$P\{X=1\}=P\{Y=0\}=\frac{1}{2},$$

则 $P\{X+Y=1\}=$________.

【解】 由题意,X 和 Y 的分布律分别为

X	0	1
P	$\frac{1}{2}$	$\frac{1}{2}$

Y	0	1
P	$\frac{1}{2}$	$\frac{1}{2}$

于是,

$$\begin{aligned}P\{X+Y=1\}&=P\{X=0,Y=1\}+P\{X=1,Y=0\}\\&=P\{X=0\}P\{Y=1\}+P\{X=1\}P\{Y=0\}\\&=\frac{1}{2}\times\frac{1}{2}+\frac{1}{2}\times\frac{1}{2}=\frac{1}{2}.\end{aligned}$$

【题外话】

(i) 所谓 X,Y“同分布”,就是当 X,Y 为离散型随机变量时,它们有相同的分布律;当 X,Y 为连续型随机变量时,它们有相同的概率密度.

(ii) **当离散型随机变量 X,Y 独立时,可以考虑将关于 X,Y 的事件的概率拆分为只关于 X 和只关于 Y 的事件的概率之积,从而把二维随机变量的概率转化为一维随机变量的概率进行计算.**

2. 连续型随机变量

(1) 利用联合概率密度

【例 10】 (2007 年考研题)设二维随机变量(X,Y)的概率密度为

$$f(x,y)=\begin{cases}2-x-y, & 0<x<1,0<y<1,\\0, & \text{其他},\end{cases}$$

求 $P\{X>2Y\}$.

【解】 如图 3-4 所示,

$$\begin{aligned}P\{X>2Y\}&=\int_0^1\mathrm{d}x\int_0^{\frac{x}{2}}(2-x-y)\,\mathrm{d}y\\&=\int_0^1\left(x-\frac{5}{8}x^2\right)\mathrm{d}x=\frac{7}{24}.\end{aligned}$$

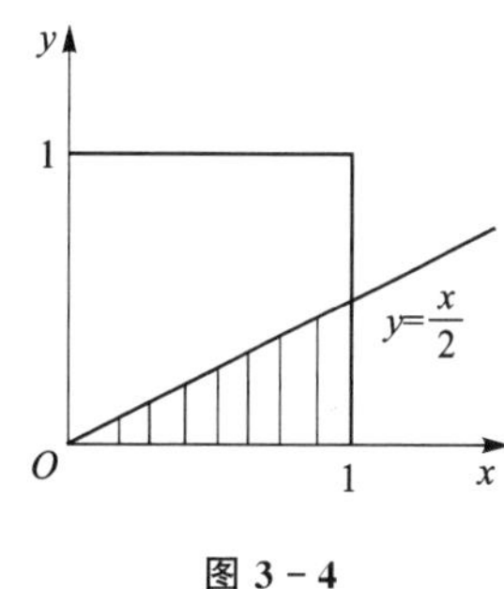

图 3-4

【题外话】 在利用式(3-12)求二维连续型随机变量的概率时,被积函数往往要选取联合概率密度中函数值非零的部分,而积分区域也就相应地变为了所求概率的区域与联合概率密度中函数值非零的区域的交集.就本例而言,由于被积函数选取了 $f(x,y)$中函数值非零的部分 $2-x-y$,故此时积分区域应为区域$\{(x,y)|x>$

$2y\}$（即直线 $y=\dfrac{x}{2}$ 下方的区域）与区域 $\{(x,y)\mid 0<x<1,0<y<1\}$ 的交集（图 3-4 中阴影部分的区域）.

求联合概率密度的二重积分是求二维连续型随机变量概率的常用方法. 即使当 X,Y 独立时，往往也需要用这种方法来求关于 X,Y 的事件的概率，请看例 11.

(2) 利用独立性

【例 11】 设随机变量 X 在区间 $(0,1)$ 上服从均匀分布，随机变量 Y 服从参数为 1 的指数分布，且 X,Y 相互独立，则 $P\{X<Y\}=$________.

【解】 由题意，X,Y 的概率密度分别为

$$f_X(x)=\begin{cases}1, & 0<x<1,\\ 0, & 其他,\end{cases}\qquad f_Y(y)=\begin{cases}e^{-y}, & y>0,\\ 0, & y\leqslant 0.\end{cases}$$

由于 X,Y 独立，故

$$f(x,y)=f_X(x)f_Y(y)=\begin{cases}e^{-y}, & 0<x<1,y>0,\\ 0, & 其他.\end{cases}$$

于是如图 3-5 所示，

$$P\{X<Y\}=\int_0^1 dx\int_x^{+\infty} e^{-y}dy=\int_0^1 e^{-x}dx=1-e^{-1}.$$

【题外话】当连续型随机变量 X,Y 独立时，由于往往难以将关于 X,Y 的事件的概率拆分为只关于 X 和只关于 Y 的事件的概率之积，故可先由

$$f(x,y)=f_X(x)f_Y(y)$$

得到 X 和 Y 的联合概率密度 $f(x,y)$，再利用式(3-12)来求概率. 请通过例 9 与本例，来比较在求二维离散型与连续型随机变量的概率时，对于独立性的使用的不同之处.

(3) 利用常用分布

【例 12】 设平面区域 G 由直线 $x+y=2$ 及 $x=0,y=0$ 所围成，二维随机变量 (X,Y) 在区域 G 上服从均匀分布，则 $P\{Y\leqslant 1\}=$________.

【解】 如图 3-6 所示，由于区域 G 的面积为 2，又区域 G 与区域 $\{(x,y)\mid y\leqslant 1\}$ 的交集（图中阴影部分）的面积为 $\dfrac{3}{2}$，故 $P\{Y\leqslant 1\}=\dfrac{3/2}{2}=\dfrac{3}{4}$.

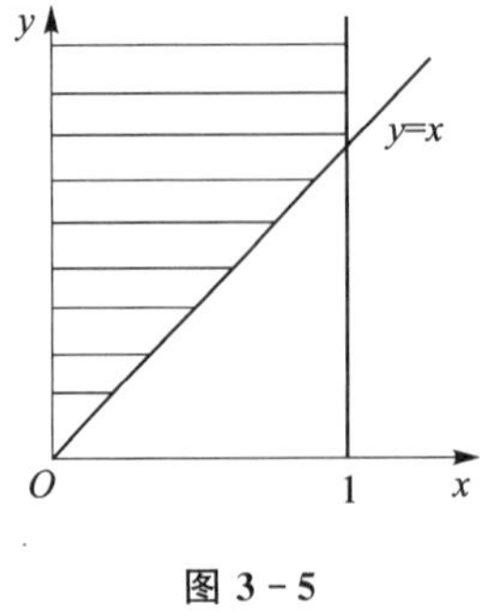

图 3-5

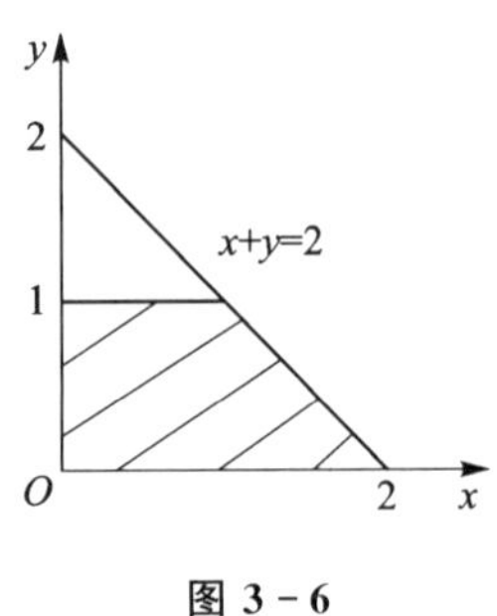

图 3-6

【题外话】服从均匀分布的二维随机变量的概率可通过区域面积之比来求. 就本例而言，无需写出 X 和 Y 的联合概率密度

$$f(x,y)=\begin{cases}\frac{1}{2}, & (x,y)\in G,\\ 0, & 其他,\end{cases}$$

并通过求二重积分 $\iint\limits_{D\cap G}\frac{1}{2}dxdy$（其中 $D=\{(x,y)\mid y\leqslant 1\}$）来求 $P\{Y\leqslant 1\}$. 其实，不止均匀分布，服从正态分布的二维随机变量的概率，也无需通过求联合概率密度的二重积分来求，请看例 13.

【例 13】 设二维随机变量 (X,Y) 服从正态分布 $N(2,1;1,2^2;0)$，则 $P\{2X-Y>3\}=$ ________.

【解】 由题意，$2X-Y\sim N(3,(2\sqrt{2})^2)$. 于是

$$P\{2X-Y>3\}=1-P\{2X-Y\leqslant 3\}=1-P\left\{\frac{2X-Y-3}{2\sqrt{2}}\leqslant\frac{3-3}{2\sqrt{2}}\right\}=1-\Phi(0)=\frac{1}{2}.$$

【题外话】

(i) 由于若

$$(X,Y)\sim N(\mu_1,\mu_2;\sigma_1^2,\sigma_2^2;\rho)$$

则

$$X\sim N(\mu_1,\sigma_1^2),Y\sim N(\mu_2,\sigma_2^2),$$

且

$$aX\pm bY\sim N(a\mu_1\pm b\mu_2,a^2\sigma_1^2+b^2\sigma_2^2\pm 2ab\sigma_1\sigma_2\rho),$$

故**一般都将二维正态随机变量的概率转化为一维正态随机变量的概率来求**. 而关于一维正态随机变量的概率问题，可参看第二章例 11.

(ii) 解决二维随机变量的概率问题有着非常重要的意义. 如果说一个随机变量的函数的分布问题会归结为求一维随机变量的概率，那么两个随机变量的函数的分布问题，其实也都能转化为求二维随机变量的概率.

问题 3　两个随机变量的函数的分布问题

问题研究

1. 两个离散型随机变量的函数

题眼探索　两个随机变量 X 和 Y 的函数 $Z=g(X,Y)$ 的分布问题，恐怕是整个概率论的“探索之旅”中最具挑战性的问题. 当 X,Y 都为离散型随机变量时，$Z=g(X,Y)$ 也是一维离散型随机变量，而求 Z 的分布律有以下两种情形：

1°若已知 X 和 Y 的联合分布律 $P\{X=x_i,Y=y_j\}=p_{ij}(i,j=1,2,\cdots)$，则 Z 的分布律为

$$P\{Z=g(x_i,y_j)\}=p_{ij}.$$

如果 $g(x_i,y_j)$ 中出现了相同的值，那么可将它们相应的概率之和作为 Z 取该值的概率. 这种情形与求一个离散型随机变量的函数的分布律相类似(可参看第二章例 12).

2°若已知 X 和 Y 的分布律 $P\{X=x_i\}$ 和 $P\{Y=y_j\}(i,j=1,2,\cdots)$，且 X,Y 独立，则 Z 的分布律为

$$P\{Z=g(x_i,y_j)\}=P\{X=x_i,Y=y_j\}=P\{X=x_i\}P\{Y=y_j\}.$$

其实，求 $Z=g(X,Y)$ 的分布律，就是求全部的 Z 取可能的值的概率. 而这两种情形，与求二维离散型随机变量概率的两种方法——“利用联合分布律”和“利用独立性”一一对应.

(1) 利用联合分布律

【例 14】 设二维随机变量 (X,Y) 的分布律为

$X \backslash Y$	-1	1
0	$\frac{1}{6}$	$\frac{1}{3}$
1	$\frac{1}{4}$	$\frac{1}{4}$

则随机变量 $Z=XY$ 的分布律为________.

【解】 $Z=XY$ 所有可能取的值为 $-1,0,1$.

由于

$$P\{Z=-1\}=P\{X=1,Y=-1\}=\frac{1}{4},$$

$$P\{Z=0\}=P\{X=0,Y=-1\}+P\{X=0,Y=1\}=\frac{1}{6}+\frac{1}{3}=\frac{1}{2},$$

$$P\{Z=1\}=P\{X=1,Y=1\}=\frac{1}{4},$$

故 Z 的分布律为

Z	-1	0	1
P	$\frac{1}{4}$	$\frac{1}{2}$	$\frac{1}{4}$

(2) 利用独立性

【例 15】 设随机变量 X,Y 相互独立且都服从参数为 $p(0<p<1)$ 的 $0-1$ 分布.

(1) 求随机变量 $Z=X+Y$ 的分布律；

(2) 求随机变量 $Z=\max\{X,Y\}$ 的分布函数.

【解】 由题意，X 和 Y 的分布律分别为

X	0	1
P	$1-p$	p

Y	0	1
P	$1-p$	p

(1) $Z=X+Y$ 所有可能取的值为 0,1,2.

由于

$$P\{Z=0\}=P\{X=0,Y=0\}=P\{X=0\}P\{Y=0\}=(1-p)^2,$$

$$\begin{aligned}P\{Z=1\}&=P\{X=0,Y=1\}+P\{X=1,Y=0\}\\&=P\{X=0\}P\{Y=1\}+P\{X=1\}P\{Y=0\}=2p(1-p),\end{aligned}$$

$$P\{Z=2\}=P\{X=1,Y=1\}=P\{X=1\}P\{Y=1\}=p^2,$$

故 Z 的分布律为

Z	0	1	2
P	$(1-p)^2$	$2p(1-p)$	p^2

(2) $Z=\max\{X,Y\}$ 所有可能取的值为 0,1.

由于

$$\begin{aligned}P\{Z=0\}&=P\{\max\{X,Y\}=0\}=P\{X=0,Y=0\}\\&=P\{X=0\}P\{Y=0\}=(1-p)^2,\\P\{Z=1\}&=P\{\max\{X,Y\}=1\}=P\{X=0,Y=1\}+\\&\quad P\{X=1,Y=0\}+P\{X=1,Y=1\}\\&=P\{X=0\}P\{Y=1\}+P\{X=1\}P\{Y=0\}+\\&\quad P\{X=1\}P\{Y=1\}=p(2-p),\end{aligned}$$

故 Z 的分布律为

Z	0	1
P	$(1-p)^2$	$p(2-p)$

即得 Z 的分布函数

$$F_Z(z)=\begin{cases}0, & z<0,\\(1-p)^2, & 0\leqslant z<1,\\1, & z\geqslant 1.\end{cases}$$

【题外话】

(i) 不难发现,本例(1)中的随机变量 Z 服从二项分布 $B(2,p)$. 事实上,**n 个相互独立且均服从参数为 p 的 0－1 分布的随机变量的和一定服从二项分布 $B(n,p)$,而服从二项分布 $B(n,p)$ 的随机变量也能看作是 n 个相互独立且均服从参数为 p 的 0－1 分布的随机变量的和.**

从另一个角度说,本例(1)也可以这样理解:若 $X\sim B(1,p)$,$Y\sim B(1,p)$,且 X,Y 独立,则 $X+Y\sim B(2,p)$. 这个结论可推广为:若 $X\sim B(n,p)$,$Y\sim B(m,p)$,且 X,Y 独立,则 $X+Y\sim B(n+m,p)$. 而对于泊松分布和正态分布,也有类似的结论:设 X,Y 独立,

① 若 $X\sim P(\lambda_1)$,$Y\sim P(\lambda_2)$,则 $X+Y\sim P(\lambda_1+\lambda_2)$;

② 若 $X\sim N(\mu_1,\sigma_1^2)$,$Y\sim N(\mu_2,\sigma_2^2)$,则 $aX\pm bY\sim N(a\mu_1\pm b\mu_2,a^2\sigma_1^2+b^2\sigma_2^2)$.

(ii) 本例中随机变量 X,Y 的分布函数分别为

$$F_X(x)=\begin{cases}0, & x<0,\\ 1-p, & 0\leqslant x<1,\\ 1, & x\geqslant 1,\end{cases}\quad F_Y(y)=\begin{cases}0, & y<0,\\ 1-p, & 0\leqslant y<1,\\ 1, & y\geqslant 1.\end{cases}$$

而由本例(2)可知 $Z=\max\{X,Y\}$ 的分布函数

$$F_Z(z)=F_X(z)F_Y(z).$$

一般地,设 X,Y 独立,且其分布函数分别为 $F_X(x),F_Y(y)$,则

① $Z=\max\{X,Y\}$ 的分布函数

$$\begin{aligned}F_Z(z)&=P\{\max\{X,Y\}\leqslant z\}=P\{X\leqslant z,Y\leqslant z\}\\&=P\{X\leqslant z\}P\{Y\leqslant z\}=F_X(z)F_Y(z),\end{aligned}$$

② $Z=\min\{X,Y\}$ 的分布函数

$$\begin{aligned}F_Z(z)&=P\{\min\{X,Y\}\leqslant z\}=1-P\{\min\{X,Y\}>z\}\\&=1-P\{X>z,Y>z\}=1-P\{X>z\}P\{Y>z\}\\&=1-(1-P\{X\leqslant z\})(1-P\{Y\leqslant z\})=1-[1-F_X(z)][1-F_Y(z)].\end{aligned}$$

还可以将结论进行推广:设随机变量 $X_1,X_2,\cdots,X_n$ 相互独立,且其分布函数分别为 $F_{X_1}(x_1),F_{X_2}(x_2),\cdots,F_{X_n}(x_n)$,则 $Z=\max\{X_1,X_2,\cdots,X_n\}$ 的分布函数

$$F_Z(z)=F_{X_1}(z)F_{X_2}(z)\cdots F_{X_n}(z),\tag{3-13}$$

并且 $Z=\min\{X_1,X_2,\cdots,X_n\}$ 的分布函数

$$F_Z(z)=1-[1-F_{X_1}(z)][1-F_{X_2}(z)]\cdots[1-F_{X_n}(z)].\tag{3-14}$$

无论 $X_1,X_2,\cdots,X_n$ 是离散型还是连续型随机变量,式(3-13)和式(3-14)都成立.这两个结论至关重要,应牢记于心.

2. 两个连续型随机变量的函数

题眼探索 类似于求一个连续型随机变量的函数的概率密度(可参看图2-9),若已知连续型随机变量 X 和 Y 的联合概率密度 $f(x,y)$,要求一维连续型随机变量 $Z=g(X,Y)$ 的概率密度 $f_Z(z)$,则依然能把 Z 的分布函数 $F_Z(z)$ 作为"中介".由于

$$F_Z(z)=P\{Z\leqslant z\}=P\{g(X,Y)\leqslant z\},$$

故求 $F_Z(z)$ 又可转化为求二维随机变量 (X,Y) 的概率 $P\{g(X,Y)\leqslant z\}$(如图3-7所示).

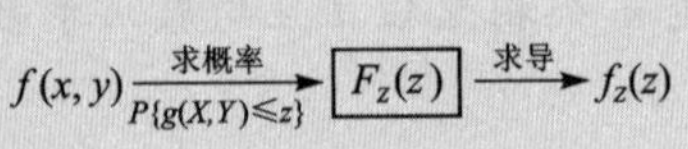

$$f(x,y)\xrightarrow[P\{g(X,Y)\leqslant z\}]{\text{求概率}}\boxed{F_Z(z)}\xrightarrow{\text{求导}}f_Z(z)$$

图3-7

将 $g(X,Y)\leqslant z$ 表示为 $(X,Y)\in D_z$(区域 D_z 与 z 有关),则

$$P\{g(X,Y)\leqslant z\}=P\{(X,Y)\in D_z\}.$$

而一般情况下,X 和 Y 的联合概率密度 $f(x,y)$ 往往形如

$$f(x,y)=\begin{cases}f_1(x,y), & (x,y)\in D,\\ 0, & \text{其他}.\end{cases}$$

> **因为区域 D_z 会随着 z 的变化而变化，并且区域 D_z 与区域 D 的交集也会随之变化，所以如果说对于一个连续型随机变量的普通函数的分布问题，分类讨论的焦点在于所求概率的区间与概率密度函数值非零的区间的交集是什么，那么此时，分类讨论的焦点就变成了所求概率的区域与联合概率密度函数值非零的区域的交集是什么.**

【例 16】 (2005 年考研题)设二维随机变量 (X,Y) 的概率密度为

$$f(x,y)=\begin{cases}1, & 0<x<1,0<y<2x,\\ 0, & \text{其他},\end{cases}$$

求 $Z=2X-Y$ 的概率密度 $f_Z(z)$.

【分析】根据图 3-7，先求 Z 的分布函数 $F_Z(z)$：

$$F_Z(z)=P\{Z\leqslant z\}=P\{2X-Y\leqslant z\}=P\{Y\geqslant 2X-z\}.$$

问题是区域

$$D_z=\{(x,y)\mid y\geqslant 2x-z\}$$

与 $f(x,y)$ 函数值非零的区域

$$D=\{(x,y)\mid 0<x<1,0<y<2x\}$$

的交集是什么呢？D_z 表示动直线 $y=2x-z$ 上方的区域，并且 $y=2x-z$ 与 x 轴的交点为 $\left(\frac{z}{2},0\right)$，而 D 却是一个不变的区域. 不妨“以不变应万变”——根据不变的区域 D 来确定 $\frac{z}{2}$ 的取值.

如图 3-8 所示，$\frac{z}{2}$ 的取值可分为以下三种不同的情况：

① $\frac{z}{2}<0$，即 $z<0$；

② $0\leqslant\frac{z}{2}<1$，即 $0\leqslant z<2$；

③ $\frac{z}{2}\geqslant 1$，即 $z\geqslant 2$.

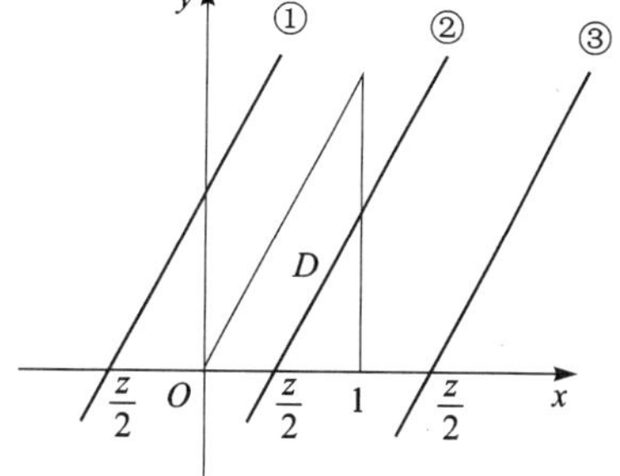

图 3-8

不难发现，区域 D 的面积为 1，故二维随机变量 (X,Y) 在 D 上服从均匀分布. 这意味着只要理清了分类讨论的脉络，那么 $F_Z(z)=P\{Y\geqslant 2X-z\}$ 就能通过区域面积之比轻松地求得. 而 $f_Z(z)$ 与 $F_Z(z)$ 之间只有“求导”这“一步之遥”.

【解】 $F_Z(z)=P\{2X-Y\leqslant z\}=P\{Y\geqslant 2X-z\}$.

① 当 $z<0$ 时，$F_Z(z)=0$；

② 当 $0\leqslant z<2$ 时，$F_Z(z)=1-\frac{1}{2}\left(1-\frac{z}{2}\right)(2-z)=z-\frac{1}{4}z^2$；

③ 当 $z\geqslant 2$ 时，$F_Z(z)=1$.

故 $F_Z(z)=\begin{cases}0, & z<0,\\ z-\dfrac{1}{4}z^2, & 0\leqslant z<2,\\ 1, & z\geqslant 2,\end{cases}$ 从而

$$f_Z(z)=F'_Z(z)=\begin{cases}1-\dfrac{z}{2}, & 0\leqslant z<2,\\ 0, & 其他.\end{cases}$$

【题外话】

(i) 本例的关键在于能够按 $z<0,0\leqslant z<2$ 和 $z\geqslant 2$ 进行分类讨论. z 的这三个范围并非“从天而降”,而是根据图 3-8,分别解不等式$\dfrac{z}{2}<0,0\leqslant\dfrac{z}{2}<1$ 和$\dfrac{z}{2}\geqslant 1$ 得到. 当 $z<0$ 时,由于区域 D_z 与区域 D 的交集为$\varnothing$,故 $F_Z(z)=0$;当 $z\geqslant 2$ 时,由于区域 D_z 与区域 D 的交集为区域 D,故 $F_Z(z)=1$;当$0\leqslant z<2$ 时,由于区域 D_z 与区域 D 的交集为图 3-9 中阴影部分的区域 $D_阴$,故 $F_Z(z)$就等于区域 $D_阴$ 的面积,可通过大直角三角形的面积 1 减去小直角三角形的面积$\dfrac{1}{2}\left(1-\dfrac{z}{2}\right)(2-z)$来求,而不必再根据式(3-12),去求二重积分 $\iint\limits_{D_阴}1\mathrm{d}x\mathrm{d}y$.

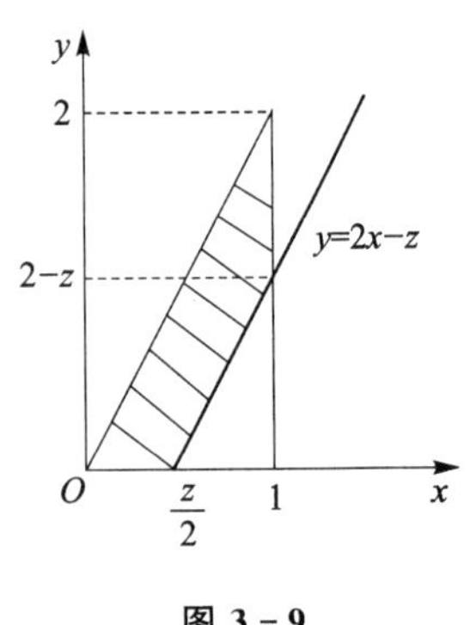

图 3-9

(ii) 其实,类似于式(2-6),关于两个连续型随机变量的函数的概率密度,也有如下结论:

设随机变量 X 和 Y 的联合概率密度为 $f(x,y)$,且二元函数 $z=g(x,y)$具有一阶连续的偏导数,$z=g(x,y)$可唯一地表示为 $y=h(x,z)$,则 $Z=g(X,Y)$的概率密度为

$$f_Z(z)=\int_{-\infty}^{+\infty}f[x,h(x,z)]\left|\frac{\partial h(x,z)}{\partial z}\right|\mathrm{d}x. \qquad (3-15)$$

式(3-15)称为卷积公式.

就本例而言,由于二元函数 $z=g(x,y)=2x-y$ 具有一阶连续的偏导数,并且 $z=g(x,y)=2x-y$ 可唯一地表示为 $y=h(x,z)=2x-z$,故本例也能利用卷积公式(3-15)来求 $f_Z(z)$,并且

$$f[x,h(x,z)]\left|\frac{\partial h(x,z)}{\partial z}\right|=f(x,2x-z)=\begin{cases}1, & 0<x<1,0<2x-z<2x,\\ 0, & 其他.\end{cases}$$

问题是积分区间该如何确定呢?因为被积函数要选取 $f(x,2x-z)$中函数值非零的部分 1,所以积分区间也就应为满足$\begin{cases}0<x<1\\ 0<2x-z<2x\end{cases}$的对于 x 的区间,即区间(0,1)和区间$\left(\dfrac{z}{2},+\infty\right)(z>0)$的交集. 而如图 3-10 所示,只有当 $0<\dfrac{z}{2}<1$,即 $0<z<2$ 时,(0,1)和$\left(\dfrac{z}{2},+\infty\right)$的交集才不为$\varnothing$,故只有当 $0<z<2$ 时 $f_Z(z)$才不为零,并且此时

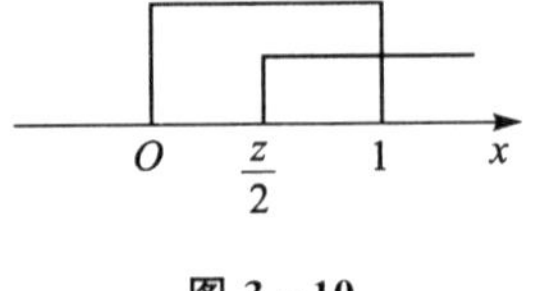

图 3-10

$$f_Z(z)=\int_{-\infty}^{+\infty}f(x,2x-z)\mathrm{d}x=\int_{\frac{z}{2}}^{1}\mathrm{d}x=1-\frac{z}{2}.$$

由此可见，**利用卷积公式(3－15)求两个连续型随机变量 X,Y 的函数 $Z=g(X,Y)$ 的概率密度 $f_Z(z)$ 的关键是：要能够确定 $f_Z(z)$ 函数值非零的区间以及积分区间**. 而在求一个离散型和一个连续型随机变量的函数的概率密度时，卷积公式(3－15)便不再适用了.

3. 一个离散型和一个连续型随机变量的函数

题眼探索　如果离散型随机变量 X 的分布律为

X	a	b
P	p	$1-p$

$(0<p<1)$，连续型随机变量 Y 的概率密度为 $f_Y(y)$，那么 $Z=g(X,Y)$ 的分布函数 $F_Z(z)$ 该如何求呢？

根据分布函数的定义，

$$F_Z(z)=P\{Z\leqslant z\}=P\{g(X,Y)\leqslant z\}.$$

为了体现出 X 的取值，不妨把样本空间划分为 $\{X=a\}$ 和 $\{X=b\}$，并利用全概率公式，即有

$$\begin{aligned}F_Z(z)&=P\{g(X,Y)\leqslant z,X=a\}+P\{g(X,Y)\leqslant z,X=b\}\\&=P\{g(a,Y)\leqslant z,X=a\}+P\{g(b,Y)\leqslant z,X=b\}.\end{aligned}$$

而当 X,Y 独立时，又有

$$\begin{aligned}F_Z(z)&=P\{g(a,Y)\leqslant z\}P\{X=a\}+P\{g(b,Y)\leqslant z\}P\{X=b\}\\&=pP\{g(a,Y)\leqslant z\}+(1-p)P\{g(b,Y)\leqslant z\},\end{aligned}$$

这意味着此时问题就转化为了求一维随机变量 Y 的概率 $P\{g(a,Y)\leqslant z\}$ 和 $P\{g(b,Y)\leqslant z\}$，可以利用 $f_Y(y)$ 来求.

一般地，若已知离散型随机变量 X 的分布律 $P\{X=x_i\}(i=1,2,\cdots)$，以及连续型随机变量 Y 的概率密度 $f_Y(y)$，则可按照图 3－11 来求一维连续型随机变量 $Z=g(X,Y)$ 的概率密度 $f_Z(z)$，其中

$$p=\sum_{i=1}^{+\infty}P\{g(x_i,Y)\leqslant z,X=x_i\},\tag{3-16}$$

并且在 X,Y 独立的条件下，

$$p=\sum_{i=1}^{+\infty}P\{g(x_i,Y)\leqslant z\}P\{X=x_i\}.\tag{3-17}$$

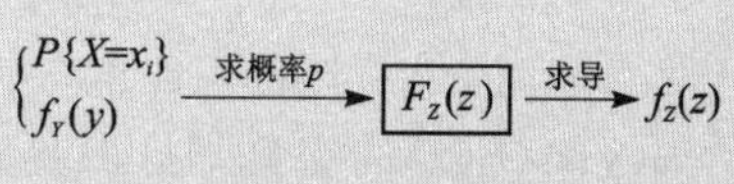

$\begin{cases}P\{X=x_i\}\\f_Y(y)\end{cases}$ —求概率 p→ $\boxed{F_Z(z)}$ —求导→ $f_Z(z)$

图 3－11

【例 17】　(2017 年考研题)设随机变量 X,Y 相互独立，且 X 的概率分布为 $P\{X=0\}=$

$P\{X=2\}=\dfrac{1}{2}$，Y 的概率密度为 $f(y)=\begin{cases}2y, & 0<y<1,\\ 0, & 其他,\end{cases}$ 求 $Z=X+Y$ 的概率密度.

【分析与解答】如图 3-11 所示，先求 Z 的分布函数 $F_Z(z)$：根据 X 的取值把样本空间划分为 $\{X=0\}$ 和 $\{X=2\}$，并利用全概率公式，有

$$\begin{aligned}F_Z(z)&=P\{Z\leqslant z\}=P\{X+Y\leqslant z\}\\&=P\{X+Y\leqslant z,X=0\}+P\{X+Y\leqslant z,X=2\}\\&=P\{Y\leqslant z,X=0\}+P\{Y\leqslant z-2,X=2\}.\end{aligned}$$

由于 X,Y 独立，故

$$\begin{aligned}F_Z(z)&=P\{Y\leqslant z\}P\{X=0\}+P\{Y\leqslant z-2\}P\{X=2\}\\&=\frac{1}{2}(P\{Y\leqslant z\}+P\{Y\leqslant z-2\}).\end{aligned}$$

于是本例转化为了求 Y 的概率 $P\{Y\leqslant z\}$ 和 $P\{Y\leqslant z-2\}$，而根据式(2-3)，可以通过求 $f(y)$ 的积分来求. 问题是积分区间该如何确定呢？这就取决于区间 $(-\infty,z]$，$(-\infty,z-2]$ 与 $f(y)$ 函数值非零的区间 $(0,1)$ 的交集分别是什么.

参看图 3-12，可以按如下 5 种情况进行讨论：

① 当 $z<0$(即 $z-2<-2$)时，区间 $(-\infty,z]$，$(-\infty,z-2]$ 与区间 $(0,1)$ 的交集都为 $\varnothing$，故

$$F_Z(z)=\frac{1}{2}\times(0+0)=0;$$

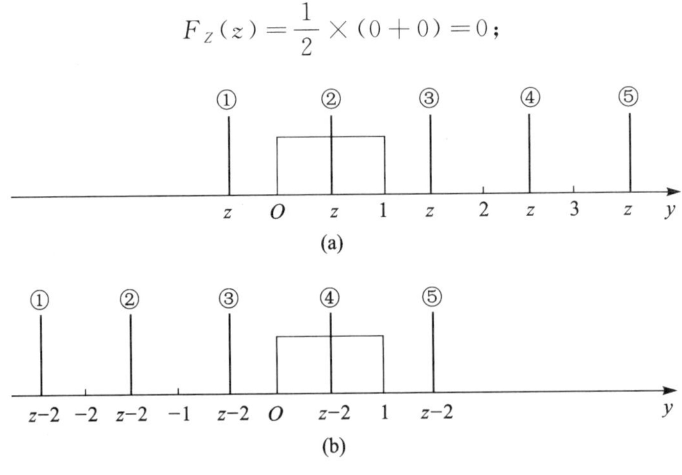

图 3-12

② 当 $0\leqslant z<1$(即 $-2\leqslant z-2<-1$)时，区间 $(-\infty,z]$ 与区间 $(0,1)$ 的交集为 $(0,z]$，而区间 $(-\infty,z-2]$ 与区间 $(0,1)$ 的交集为 $\varnothing$，故

$$F_Z(z)=\frac{1}{2}\left(\int_0^z 2y\,\mathrm{d}y+0\right)=\frac{1}{2}z^2;$$

③ 当 $1\leqslant z<2$(即 $-1\leqslant z-2<0$)时，虽然区间 $(-\infty,z]$ 与区间 $(0,1)$ 的交集已经变成了 $(0,1)$，但是区间 $(-\infty,z-2]$ 与区间 $(0,1)$ 的交集却依旧是 $\varnothing$. 于是

$$F_Z(z)=\frac{1}{2}\left(\int_0^1 2y\,\mathrm{d}y+0\right)=\frac{1}{2};$$

④ 当 $2\leqslant z<3$(即 $0\leqslant z-2<1$)时，区间 $(-\infty,z-2]$ 与区间 $(0,1)$ 的交集终于不再是 $\varnothing$

了！而此时，区间$(-\infty,z]$与区间$(0,1)$的交集仍然为$(0,1)$. 所以

$$F_Z(z)=\frac{1}{2}\left(\int_0^1 2y\,dy+\int_0^{z-2}2y\,dy\right)=\frac{1}{2}+\frac{1}{2}(z-2)^2;$$

⑤ 当$z\geqslant 3$（即$z-2\geqslant 1$）时，区间$(-\infty,z]$，$(-\infty,z-2]$与区间$(0,1)$的交集都为$(0,1)$，故

$$F_Z(z)=\frac{1}{2}\left(\int_0^1 2y\,dy+\int_0^1 2y\,dy\right)=1.$$

一旦得到

$$F_Z(z)=\begin{cases}0, & z<0,\\ \frac{1}{2}z^2, & 0\leqslant z<1,\\ \frac{1}{2}, & 1\leqslant z<2,\\ \frac{1}{2}+\frac{1}{2}(z-2)^2, & 2\leqslant z<3,\\ 1, & z\geqslant 3,\end{cases}$$

那么求它的导数便能得到Z的概率密度

$$f_Z(z)=\begin{cases}z, & 0\leqslant z<1,\\ z-2, & 2\leqslant z<3,\\ 0, & \text{其他}.\end{cases}$$

【题外话】

(i) **当X,Y独立时，若要求离散型随机变量X和连续型随机变量Y的函数$Z=g(X,Y)$的分布函数或概率密度，则分类讨论的焦点是所求的各关于Y的概率的区间与Y的概率密度函数值非零的区间的交集分别是什么.** 就本例而言，分类讨论的关键在于所求的关于Y的概率的区间$(-\infty,z]$和$(-\infty,z-2]$是两个有关联的区间，而它们与$f(y)$函数值非零的区间$(0,1)$取交集的“步调”并不一致，比如即使$(-\infty,z]$与$(0,1)$的交集已经是$(0,1)$了，$(-\infty,z-2]$与$(0,1)$的交集也有可能还是$\varnothing$（当$1\leqslant z<2$时）.

(ii) 其实，类似于式(2-6)，关于一个离散型和一个连续型随机变量的函数的概率密度，也有如下结论：

设离散型随机变量X的分布律为$P\{X=x_i\}(i=1,2,\cdots)$，连续型随机变量Y的概率密度为$f_Y(y)$，并且X,Y相互独立. 若对于任意x_i，关于y的函数$z=g(x_i,y)$处处可导且严格单调，并且$y=h(x_i,z)$是$z=g(x_i,y)$的反函数，则$Z=g(X,Y)$的概率密度为

$$f_Z(z)=\sum_{i=1}^{+\infty}P\{X=x_i\}f_Y[h(x_i,z)]\left|\frac{dh(x_i,z)}{dz}\right|. \tag{3-18}$$

对于本例，由于X,Y独立，并且函数$z=g(0,y)=y$，$z=g(2,y)=2+y$都处处可导且严格单调，其反函数分别为$y=h(0,z)=z$，$y=h(2,z)=z-2$，故本例也能利用式(3-18)来求$f_Z(z)$，即

$$\begin{aligned}f_Z(z)&=P\{X=0\}f[h(0,z)]\left|\frac{dh(0,z)}{dz}\right|+P\{X=2\}f[h(2,z)]\left|\frac{dh(2,z)}{dz}\right|\\&=\frac{1}{2}[f(z)+f(z-2)].\end{aligned}$$

因为 $f(y)$ 函数值非零的区间为 $(0,1)$，所以只有在 $0<z<1$ 和 $0<z-2<1$（即 $2<z<3$）时，$f_Z(z)$ 才不为零. 而当 $0<z<1$ 时，由 $f(z)=2z$，$f(z-2)=0$ 可知 $f_Z(z)=z$；当 $2<z<3$ 时，由 $f(z)=0$，$f(z-2)=2(z-2)$ 可知 $f_Z(z)=z-2$. 于是便得

$$f_Z(z)=\begin{cases} z, & 0<z<1, \\ z-2, & 2<z<3, \\ 0, & \text{其他}. \end{cases}$$

值得注意的是，**能够利用式(3-18)来求离散型随机变量 X 和连续型随机变量 Y 的函数 $Z=g(X,Y)$ 的概率密度的前提是：对于 X 的任意取值 x_i，关于 y 的函数 $z=g(x_i,y)$ 处处可导且严格单调；更重要的是，X,Y 独立**. 而当 X,Y 不独立时，虽然式(3-18)已被"淘汰出局"，但是式(3-16)却依然有"用武之地". 那么，同样是解决离散型随机变量 X 和连续型随机变量 Y 的函数 $Z=g(X,Y)$ 的分布问题，在 X,Y 独立与不独立这两种情形下有何不同之处呢？不妨在例 18 中见分晓.

【例 18】 (2016 年考研题)设二维随机变量 (X,Y) 在区域

$$D=\{(x,y)\mid 0<x<1, x^2<y<\sqrt{x}\}$$

上服从均匀分布，令 $U=\begin{cases} 1, & X\leqslant Y, \\ 0, & X>Y. \end{cases}$

(1) 写出 (X,Y) 的概率密度；

(2) 问 U 与 X 是否相互独立？并说明理由；

(3) 求 $Z=U+X$ 的分布函数 $F(z)$.

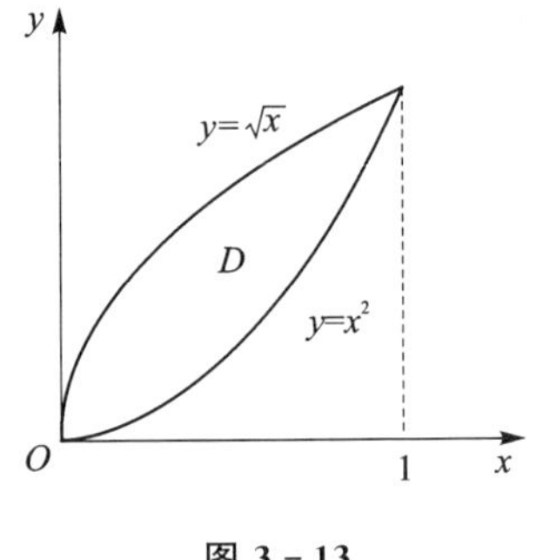

图 3-13

【解】 (1) 如图 3-13 所示，由于区域 D 的面积为

$$\int_0^1 (\sqrt{x}-x^2)\,\mathrm{d}x=\frac{1}{3},$$

故 (X,Y) 的概率密度为

$$f(x,y)=\begin{cases} 3, & (x,y)\in D, \\ 0, & \text{其他}. \end{cases}$$

(2) 如图 3-14(a)所示，$P\{U=0\}=P\{X>Y\}=\dfrac{1}{2}$.

如图 3-14(b)所示，$P\left\{X\leqslant\dfrac{1}{2}\right\}=\dfrac{\int_0^{\frac{1}{2}}(\sqrt{x}-x^2)\,\mathrm{d}x}{\frac{1}{3}}=\dfrac{\sqrt{2}}{2}-\dfrac{1}{8}$.

如图 3-14(c)所示，$P\left\{U=0,X\leqslant\dfrac{1}{2}\right\}=P\left\{X>Y,X\leqslant\dfrac{1}{2}\right\}=\dfrac{\int_0^{\frac{1}{2}}(x-x^2)\,\mathrm{d}x}{\frac{1}{3}}=\dfrac{1}{4}$.

由于 $P\{U=0\}P\left\{X\leqslant\dfrac{1}{2}\right\}\neq P\left\{U=0,X\leqslant\dfrac{1}{2}\right\}$，故 U 与 X 不独立.

(3)
$$\begin{aligned} F(z)&=P\{Z\leqslant z\}=P\{U+X\leqslant z\} \\ &=P\{U+X\leqslant z,U=0\}+P\{U+X\leqslant z,U=1\} \\ &=P\{X\leqslant z,U=0\}+P\{X\leqslant z-1,U=1\} \end{aligned}$$

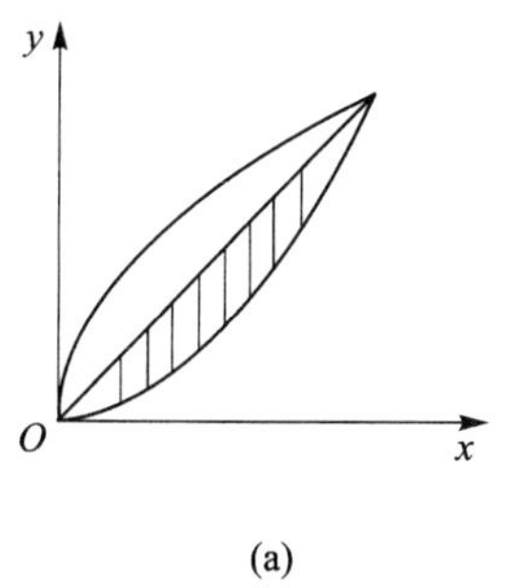

(a)

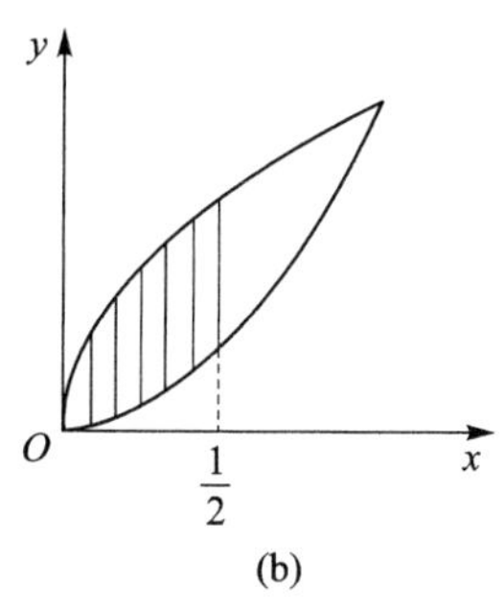

(b)

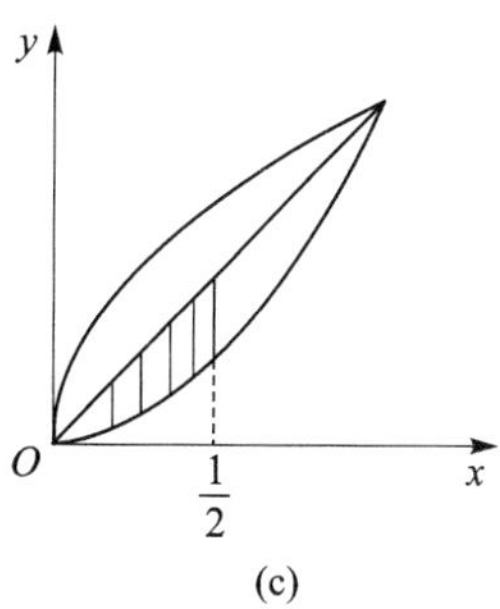

(c)

图 3-14

$=P\{X\leqslant z, X>Y\}+P\{X\leqslant z-1, X\leqslant Y\}$.

如图 3-15 所示，

① 当 $z<0$（即 $z-1<-1$）时，$F(z)=0$；

② 当 $0\leqslant z<1$（即 $-1\leqslant z-1<0$）时，$F(z)=\dfrac{\int_0^z (x-x^2)\,\mathrm{d}x}{\dfrac{1}{3}}+0=\dfrac{3}{2}z^2-z^3$；

③ 当 $1\leqslant z<2$（即 $0\leqslant z-1<1$）时，$F(z)=\dfrac{1}{2}+\dfrac{\int_0^{z-1} (\sqrt{x}-x)\,\mathrm{d}x}{\dfrac{1}{3}}=\dfrac{1}{2}+2(z-1)^{\frac{3}{2}}-\dfrac{3}{2}(z-1)^2$；

④ 当 $z\geqslant 2$（即 $z-1\geqslant 1$）时，$F(z)=\dfrac{1}{2}+\dfrac{1}{2}=1$.

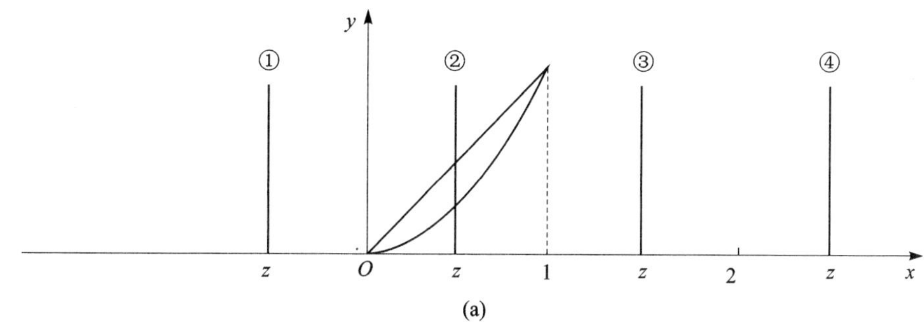

(a)

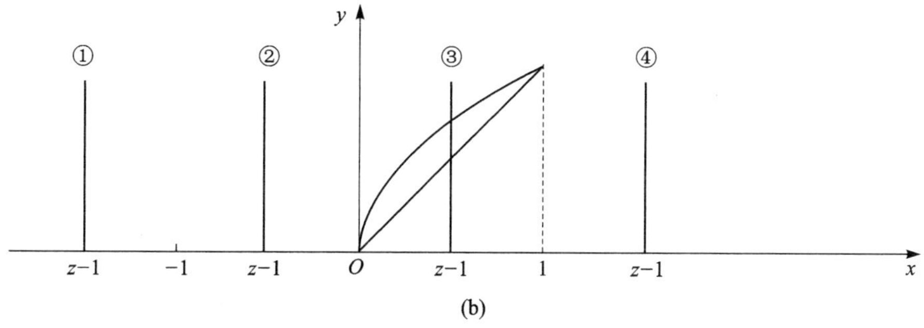

(b)

图 3-15

$$故\ F(z)=\begin{cases}0, & z<0,\\ \dfrac{3}{2}z^2-z^3, & 0\leqslant z<1,\\ \dfrac{1}{2}+2(z-1)^{\frac{3}{2}}-\dfrac{3}{2}(z-1)^2, & 1\leqslant z<2,\\ 1, & z\geqslant 2.\end{cases}$$

【题外话】

(i) **说明随机变量 X,Y 不独立的常用方法是选取只关于 X 的事件 A 和只关于 Y 的事件 B，通过 $P(AB)\neq P(A)P(B)$（即事件 A,B 不独立）来说明 X,Y 不独立，这个方法尤其适用于 X 和 Y 的联合分布未知时.** 比如，本例(2)任意地选取了只关于 U 的事件 $\{U=0\}$ 和只关于 X 的事件 $\left\{X\leqslant\dfrac{1}{2}\right\}$，通过

$$P\{U=0\}P\left\{X\leqslant\frac{1}{2}\right\}\neq P\left\{U=0,X\leqslant\frac{1}{2}\right\}$$

来说明 U,X 不独立. 而由于二维随机变量 (X,Y) 在区域 D 上服从均匀分布，故 $P\{U=0\}$，$P\left\{X\leqslant\dfrac{1}{2}\right\}$ 和 $P\left\{U=0,X\leqslant\dfrac{1}{2}\right\}$ 分别等于图 3-14(a)、图 3-14(b)和图 3-14(c)中阴影部分的面积除以区域 D 的面积$\dfrac{1}{3}$.

(ii) 在例 17 中，由于 X,Y 独立，故

$$P\{Y\leqslant z,X=0\}+P\{Y\leqslant z-2,X=2\}=$$
$$P\{Y\leqslant z\}P\{X=0\}+P\{Y\leqslant z-2\}P\{X=2\}.$$

而对于本例(3)，因为 U,X 不独立，所以切莫将

$$P\{X\leqslant z,U=0\}+P\{X\leqslant z-1,U=1\}$$

变为

$$P\{X\leqslant z\}P\{U=0\}+P\{X\leqslant z-1\}P\{U=1\},$$

而只能将 $F(z)$ 转化为 $P\{X\leqslant z,X>Y\}$ 和 $P\{X\leqslant z-1,X\leqslant Y\}$ 这两个积事件的概率来求.

就例 17 而言，分类讨论的焦点在于所求的关于 Y 的概率的区间 $(-\infty,z]$ 和 $(-\infty,z-2]$，与 $f(y)$ 函数值非零的区间 $(0,1)$ 的交集分别是什么. 而对于本例(3)，记

$$D_1=\{(x,y)\mid x>y\},D_2=\{(x,y)\mid x\leqslant y\},$$

则像极了一片叶子的区域 D 被直线 $y=x$ 分割为了图 3-15(a)中的“下半片叶子”（即区域 $D\cap D_1$）和图 3-15(b)中的“上半片叶子”（即区域 $D\cap D_2$）. 此时，分类讨论的焦点就变成了 $P\{X\leqslant z,X>Y\}$ 中两个相应的区域 $\{(x,y)|x\leqslant z\}$ 和 $D\cap D_1$，以及 $P\{X\leqslant z-1,X\leqslant Y\}$ 中两个相应的区域 $\{(x,y)|x\leqslant z-1\}$ 和 $D\cap D_2$ 的交集分别是什么. 类似于例 17，$\{(x,y)|x\leqslant z\}$ 和 $\{(x,y)|x\leqslant z-1\}$ 是两个有关联的区域，而它们分别与区域 $D\cap D_1$ 和区域 $D\cap D_2$ 取交集的“步调”并不一致，比如在图 3-15 中，即使直线 $x=z$ 已经位于了“下半片叶子”的右侧，直线 $x=z-1$ 也有可能才与“上半片叶子”相交（当 $1\leqslant z<2$ 时）.

(iii) 就本例(3)而言，一旦理清了分类讨论的脉络，那么求 $F(z)$ 也就是“水到渠成”的事情了. 其实，一路走来，**对于以下三个问题，遇到的障碍往往都不在于计算，而在于解题思路：**

1°求连续型随机变量 X 的函数 $Y=g(X)$ 的概率密度；

2°求连续型随机变量 X,Y 的函数 $Z=g(X,Y)$ 的概率密度；

3°求离散型随机变量 X 和连续型随机变量 Y 的函数 $Z=g(X,Y)$ 的概率密度.

作为概率论"探索之旅"中的疑难问题，这三个问题有不少相似之处，解决它们都应注意以下两点：

① **按部就班**. 面对这三个问题，都能以分布函数作为"中介"，而求分布函数又都能转化为求概率(可参看图 2－9、图 3－7 和图 3－11). 具体地说，对于问题 1°，当 $Y=g(X)$ 为普通函数时，所求的概率为

$$P\{g(X)\leqslant y\};$$

当 $Y=g(X)$ 为分段函数

$$Y=g(X)=\begin{cases} g_1(X), & X\in I_1, \\ g_2(X), & X\in I_2, \\ \vdots \\ g_i(X), & X\in I_i, \\ \vdots \end{cases}$$

时，所求的概率为

$$\sum_{i=1}^{+\infty}P\{g_i(X)\leqslant y,X\in I_i\}. \tag{3-19}$$

而对于问题 2°以及问题 3°，所求的概率分别为

$$P\{g(X,Y)\leqslant z\}$$

以及式(3－16)或式(3－17)中的 p. 值得注意的是，不管是当 $Y=g(X)$ 为分段函数时的问题 1°(如第二章例 14 和例 15)还是问题 3°(如本章例 17 和本例(3))，全概率公式

$$P(A)=\sum_{i=1}^{+\infty}P(AB_i)=P(AB_1)+P(AB_2)+\cdots$$

(其中事件 $B_1,B_2,\cdots$ 两两互斥，且 $B_1\cup B_2\cup\cdots=S$)都能"大显身手". 由此可见，**作为概率论中的重要公式，全概率公式不仅适用于随机事件问题，而且还适用于随机变量问题**.

② **数形结合**. 这三个问题的成败都取决于分类讨论，而**其分类讨论的焦点都在取交集上**，只不过既可能是区间与区间的交集(如第二章例 13 至例 15，以及本章例 17)，也可能是区域与区域的交集(如本章例 16 和本例(3)). 若要讨论区间与区间的交集，则应在数轴上进行判断(可参看图 2－10 至图 2－13，以及图 3－12)；若要讨论区域与区域的交集，则应在平面直角坐标系内进行判断(可参看图 3－8 和图 3－15). 当然解决这三个问题，有时也可以利用公式(2－6)、公式(2－8)、公式(3－15)或公式(3－18)来减轻分类讨论时的"压力"，而如果利用卷积公式(3－15)来解决问题 2°，那么就应在数轴上判断区间与区间的交集(可参看图 3－10).

在即将为第三章画上圆满的句号之前，让我们通过表 3－4 来梳理一下前三章中所遇到的这三大疑难问题.

(iv) 本例(2)还有另一个思路：通过 U 与 X 的协方差或相关系数不等于零来说明 U,X 不独立. 这就涉及到了协方差和相关系数这两个数字特征的计算. 而随机变量的数字特征是关于随机变量的最后一个话题. 其实，既然已经搬开了"两个随机变量的函数的分布问题"这块"绊脚石"，那么前面的路将一马平川.

表 3-4

<table>
<tr><th colspan="3">类　型</th><th>所求的概率</th><th>分类讨论的焦点</th><th>所参看的图形</th><th>可利用的公式</th></tr>
<tr><td rowspan="2">连续型随机变量 X 的函数 $Y=g(X)$</td><td colspan="2">$Y=g(X)$为普通函数</td><td>$P\{g(X)\leqslant y\}$</td><td>所求概率的区间与 X 的概率密度函数值非零的区间的交集是什么</td><td>数轴</td><td>式(2-6)</td></tr>
<tr><td colspan="2">$Y=g(X)$为分段函数</td><td>式(3-19)</td><td>所求各积事件的概率中两个相应区间的交集分别是什么</td><td>多条数轴</td><td>式(2-8)</td></tr>
<tr><td rowspan="3">随机变量 X,Y 的函数 $Z=g(X,Y)$</td><td colspan="2">X,Y 都为连续型</td><td>$P\{g(X,Y)\leqslant z\}$</td><td>所求概率的区域与(X,Y)的概率密度函数值非零的区域的交集是什么</td><td>平面直角坐标系</td><td>式(3-15)</td></tr>
<tr><td rowspan="2">X 为离散型,Y 为连续型</td><td>X,Y 独立</td><td>式(3-16)</td><td>所求各关于 Y 的概率的区间与 Y 的概率密度函数值非零的区间的交集分别是什么</td><td>多条数轴</td><td>式(3-18)</td></tr>
<tr><td>X,Y 不独立</td><td>式(3-17)</td><td>所求各积事件的概率中两个相应区域的交集分别是什么</td><td>多个平面直角坐标系</td><td>—</td></tr>
</table>

实战演练

一、选择题

1. 设随机变量 X 和 Y 相互独立,且 X 和 Y 的概率分布分别为

X	0	1	2	3
P	$\frac{1}{2}$	$\frac{1}{4}$	$\frac{1}{8}$	$\frac{1}{8}$

Y	-1	0	1
P	$\frac{1}{3}$	$\frac{1}{3}$	$\frac{1}{3}$

则 $P\{X+Y=2\}=($　　$)$

(A) $\frac{1}{12}$.　　(B) $\frac{1}{8}$.　　(C) $\frac{1}{6}$.　　(D) $\frac{1}{2}$.

2. 设二维随机变量(X,Y)的概率分布为

X \ Y	0	1
0	0.4	a
1	b	0.1

已知随机事件$\{X=0\}$与$\{X+Y=1\}$相互独立,则(　　)

(A) $a=0.2,b=0.3$.　　(B) $a=0.4,b=0.1$.

(C) $a=0.3,b=0.2$.　　(D) $a=0.1,b=0.4$.

3. 设随机变量 X 与 Y 相互独立,且 X 服从标准正态分布 $N(0,1)$,Y 的概率分布为

$P\{Y=0\}=P\{Y=1\}=\dfrac{1}{2}$，记 $F_Z(z)$ 为随机变量 $Z=XY$ 的分布函数，则函数 $F_Z(z)$ 的间断点个数为(　　)

(A) 0.　　(B) 1.　　(C) 2.　　(D) 3.

二、填空题

4. 设随机变量 X 与 Y 相互独立，且均服从区间 $[0,3]$ 上的均匀分布，则 $P\{\max\{X,Y\}\leqslant 1\}=$________.

5. 设平面区域 D 由曲线 $y=\dfrac{1}{x}$ 及直线 $y=0,x=1,x=e^2$ 所围成，二维随机变量 (X,Y) 在区域 D 上服从均匀分布，则 (X,Y) 关于 X 的边缘概率密度在 $x=2$ 处的值为________.

6. 设二维随机变量 (X,Y) 服从正态分布 $N(1,0;1,1;0)$，则 $P\{XY-Y<0\}=$________.

三、解答题

7. 设二维随机变量 (X,Y) 的概率密度为

$$f(x,y)=\begin{cases}e^{-x}, & 0<y<x,\\ 0, & 其他.\end{cases}$$

(1) 求条件概率密度 $f_{Y|X}(y|x)$；

(2) 求条件概率 $P\{X\leqslant 1|Y\leqslant 1\}$.

8. 设 (X,Y) 是二维随机变量，X 的边缘概率密度为 $f_X(x)=\begin{cases}3x^2, & 0<x<1,\\ 0, & 其他,\end{cases}$ 在给定 $X=x(0<x<1)$ 的条件下 Y 的条件概率密度为 $f_{Y|X}(y|x)=\begin{cases}\dfrac{3y^2}{x^3}, & 0<y<x,\\ 0, & 其他.\end{cases}$

(1) 求 (X,Y) 的概率密度 $f(x,y)$；

(2) 求 Y 的边缘密度 $f_Y(y)$；

(3) 求 $P\{X>2Y\}$.

9. 假设随机变量 X_1,X_2,X_3,X_4 相互独立，且同分布，$P\{X_i=0\}=0.6$，$P\{X_i=1\}=0.4(i=1,2,3,4)$. 求行列式 $X=\begin{vmatrix}X_1 & X_2\\ X_3 & X_4\end{vmatrix}$ 的概率分布.

10. 设二维随机变量 (X,Y) 的概率密度为

$$f(x,y)=\begin{cases}2x, & 0<x<1,0<y<1,\\ 0, & 其他.\end{cases}$$

求 $Z=X+Y$ 的概率密度.

第四章　随机变量的数字特征

问题 1　数学期望与方差的计算

问题 2　协方差与相关系数的相关问题

问题 3　切比雪夫不等式、大数定律与中心极限定理的应用

第四章　随机变量的数字特征

抛砖引玉

【引例】相比平时成绩(100 分)、期中成绩(80 分)和期末成绩(40 分),小明更关心他概率论与数理统计课程的总评成绩. 设随机变量 X 表示小明的各项成绩(单位:分),并且平时、期中、期末成绩分别占总评成绩的 0.1,0.2,0.7,则不妨认为 X 的分布律为

X	100	80	40
P	0.1	0.2	0.7

(1) 小明的总评成绩是否及格呢?

(2) 数学系的老师发现本学期概率论与数理统计课程的成绩普遍偏低. 为了控制不及格率,他们将每位同学的各项成绩都乘以 1.2,再重新计算总评成绩. 那么,小明新的总评成绩是否及格呢?

【分析与解答】(1) 小明的总评成绩为

$$EX=100\times0.1+80\times0.2+40\times0.7=54,$$

而 EX 称为随机变量 X 的**数学期望**. 很遗憾,小明并没有及格.

(2) 小明新的总评成绩为

$$E(1.2X)=(1.2\times100)\times0.1+(1.2\times80)\times0.2+(1.2\times40)\times0.7=64.8,$$

而 $E(1.2X)$可看作随机变量 X 的函数 $Y=1.2X$ 的数学期望. 哈! 小明终于如愿以偿地通过了概率论与数理统计课程.

数学期望是随机变量最重要的一种数字特征,而方差、协方差和相关系数这三种数字特征都能够转化为数学期望进行计算.

问题 1　数学期望与方差的计算

知识储备

1. 数学期望的计算公式

设当 X 为离散型随机变量时,其分布律为 $P\{X=x_i\}(i=1,2,\cdots)$;当 X 为连续型随机变量时,其概率密度为 $f(x)$,并且当(X,Y)为二维离散型随机变量时,其分布律为 $P\{X=x_i,Y=y_j\}(i,j=1,2,\cdots)$;当$(X,Y)$为二维连续型随机变量时,其概率密度为 $f(x,y)$,则 X 的数学期望EX、X 的函数 $g(X)$的数学期望 $E[g(X)]$和 X,Y 的函数 $g(X,Y)$的数学期望 $E[g(X,Y)]$的计算公式如表 4-1 所列.

表 4-1

随机变量	离散型随机变量	连续型随机变量
随机变量 X	$EX=\sum_{i=1}^{+\infty}x_iP\{X=x_i\}$	$EX=\int_{-\infty}^{+\infty}xf(x)\mathrm{d}x$
随机变量 X 的函数 $g(X)$	$E[g(X)]=\sum_{i=1}^{+\infty}g(x_i)P\{X=x_i\}$	$E[g(X)]=\int_{-\infty}^{+\infty}g(x)f(x)\mathrm{d}x$
随机变量 X,Y 的函数 $g(X,Y)$	$E[g(X,Y)]=\sum_{i=1}^{+\infty}\sum_{j=1}^{+\infty}g(x_i,y_j)P\{X=x_i,Y=y_j\}$	$E[g(X,Y)]=\int_{-\infty}^{+\infty}\mathrm{d}x\int_{-\infty}^{+\infty}g(x,y)f(x,y)\mathrm{d}y$

【注】 数学期望(简称期望)是用于表示随机变量平均取值的数字特征.离散型随机变量的数学期望就等于**它可能的取值与其概率之积的累加**.而对于连续型随机变量,由于它的取值无法一一列出,故用求积分来代替求和.

2. 方差的计算公式

随机变量 X 的方差

$$DX=E(X^2)-(EX)^2. \tag{4-1}$$

$\sqrt{DX}$ 称为 X 的标准差(或均方差).

【注】 方差 DX 是由数学期望 $E[(X-EX)^2]$ 来定义的,它是用于表示随机变量取值分散程度的数字特征.而根据表 4-2 中数学期望的性质,

$$E[(X-EX)^2]=E[X^2-2X\cdot EX+(EX)^2]=E(X^2)-2EX\cdot EX+E[(EX)^2]$$
$$=E(X^2)-2(EX)^2+(EX)^2=E(X^2)-(EX)^2.$$

为了使计算更方便,一般都利用式(4-1)来求方差,而非其定义.

3. 数学期望与方差的性质

数学期望与方差的性质如表 4-2 所列(其中 X,Y 为随机变量,C 为常数).

表 4-2

数学期望的性质	$E(C)=C$	$E(CX)=CEX$	$E(X\pm Y)=EX\pm EY$	$E(XY)=EX\cdot EY$(当 X,Y 独立时)
方差的性质	$D(C)=0$	$D(CX)=C^2DX$	$D(X\pm Y)=DX+DY$(当 X,Y 独立时)	—

【注】 其实,X,Y 独立是 $E(XY)=EX\cdot EY$ 和 $D(X\pm Y)=DX+DY$ 的充分非必要条件,而 X,Y 不相关才是它们的充分必要条件(详见问题 2).

4. 常用分布的数学期望与方差

常用分布的数学期望与方差如表 4-3 所列.

表 4-3

分　布	记　法	分布律或概率密度	数学期望	方　差
0-1 分布	—	$P\{X=k\}=p^k(1-p)^{1-k}$, $k=0,1$	p	$p(1-p)$
二项分布	$X\sim B(n,p)$	$P\{X=k\}=C_n^k p^k(1-p)^{n-k}$, $k=0,1,2,\cdots,n$	np	$np(1-p)$
泊松分布	$X\sim P(\lambda)$	$P\{X=k\}=\dfrac{\lambda^k e^{-\lambda}}{k!}$, $k=0,1,\cdots$	λ	λ
几何分布	$X\sim G(p)$	$P\{X=k\}=(1-p)^{k-1}p$, $k=1,2,\cdots$	$\dfrac{1}{p}$	$\dfrac{1-p}{p^2}$
超几何分布	—	$P\{X=k\}=\dfrac{C_M^k C_{N-M}^{n-k}}{C_N^n}$, k 为整数, $\max\{0,n-N+M\}\leqslant k\leqslant\min\{n,M\}$	$\dfrac{nM}{N}$	$\dfrac{nM}{N}\left(1-\dfrac{M}{N}\right)\left(\dfrac{N-n}{N-1}\right)$
均匀分布	$X\sim U(a,b)$	$f(x)=\begin{cases}\dfrac{1}{b-a}, & a<x<b,\\ 0, & \text{其他}\end{cases}$	$\dfrac{a+b}{2}$	$\dfrac{(b-a)^2}{12}$
指数分布	$X\sim E(\lambda)$	$f(x)=\begin{cases}\lambda e^{-\lambda x}, & x>0,\\ 0, & x\leqslant 0\end{cases}$	$\dfrac{1}{\lambda}$	$\dfrac{1}{\lambda^2}$
正态分布	$X\sim N(\mu,\sigma^2)$	$f(x)=\dfrac{1}{\sqrt{2\pi}\sigma}e^{-\frac{(x-\mu)^2}{2\sigma^2}}$, $-\infty<x<+\infty$	μ	σ^2

【注】了解一些常用分布的数学期望和方差，有助于理解其参数的含义. 比如关于正态分布，有一个极其重要的结论：**若 $X\sim N(\mu_1,\sigma_1^2)$, $Y\sim N(\mu_2,\sigma_2^2)$，且 X,Y 独立，则**

$$aX\pm bY\sim N(a\mu_1\pm b\mu_2,a^2\sigma_1^2+b^2\sigma_2^2). \tag{4-2}$$

而其实，

$$E(aX\pm bY)=aEX\pm bEY=a\mu_1\pm b\mu_2,$$
$$D(aX\pm bY)=a^2DX+b^2DY=a^2\sigma_1^2+b^2\sigma_2^2.$$

问题研究

题眼探索　亲爱的读者，概率论的“探索之旅”行至此处，便再无艰难险阻. 让我们在本章中迎接它的终点，并为数理统计的“新旅途”搭桥铺路.

本章主要围绕着随机变量的四个数字特征：数学期望、方差、协方差和相关系数. 其中，数学期望和方差分别是刻画一个随机变量(包括一个随机变量、一个随机变量的函数和两个随机变量的函数)平均值和分散度的数字特征，它们是刻画两个随机变量之间相互关系的数字特征——协方差和相关系数的基础. **而计算数学期望和方差，只需牢牢把握“三表一式”**(表 4-1 至表 4-3，以及式(4-1)).

1. 利用计算公式与性质

【例 1】

(1) 设随机变量 X 的分布律为

X	-2	0	1
P	$\frac{1}{2}$	$\frac{1}{4}$	$\frac{1}{4}$

则 $D(2X+3)=$________.

(2) 设二维随机变量(X,Y)的分布律为

$X \backslash Y$	0	1
-1	$\frac{1}{3}$	$\frac{1}{4}$
0	$\frac{1}{4}$	$\frac{1}{6}$

则 $D(X+Y)=$________.

【解】

(1) 由

$$EX=(-2)\times\frac{1}{2}+0\times\frac{1}{4}+1\times\frac{1}{4}=-\frac{3}{4},$$

$$E(X^2)=(-2)^2\times\frac{1}{2}+0^2\times\frac{1}{4}+1^2\times\frac{1}{4}=\frac{9}{4},$$

可得

$$D(2X+3)=2^2DX=4\left[E(X^2)-(EX)^2\right]=\frac{27}{4}.$$

(2) $Z=X+Y$ 所有可能取的值为$-1,0,1$.

由于

$$P\{Z=-1\}=P\{X=-1,Y=0\}=\frac{1}{3},$$

$$P\{Z=0\}=P\{X=-1,Y=1\}+P\{X=0,Y=0\}=\frac{1}{4}+\frac{1}{4}=\frac{1}{2},$$

$$P\{Z=1\}=P\{X=0,Y=1\}=\frac{1}{6},$$

故 Z 的分布律为

Z	-1	0	1
P	$\frac{1}{3}$	$\frac{1}{2}$	$\frac{1}{6}$

由

$$EZ=(-1)\times\frac{1}{3}+0\times\frac{1}{2}+1\times\frac{1}{6}=-\frac{1}{6},$$

$$E(Z^2)=(-1)^2\times\frac{1}{3}+0^2\times\frac{1}{2}+1^2\times\frac{1}{6}=\frac{1}{2},$$

可得

$$D(X+Y)=DZ=E(Z^2)-(EZ)^2=\frac{17}{36}.$$

【题外话】

(i) **应注意表 4-2 中数学期望与方差的性质的区别，切莫将其混淆.** 比如，本例(1)勿得到类似于 $D(2X+3)=2DX+3$ 这样错误的结论.

(ii) 由于本例(2)中 X,Y 不独立(联合分布律两行不成比例)，故切不可先求出 X,Y 的边缘分布律

X	-1	0
P	$\frac{7}{12}$	$\frac{5}{12}$

Y	0	1
P	$\frac{7}{12}$	$\frac{5}{12}$

再分别根据 $DX=E(X^2)-(EX)^2$ 和 $DY=E(Y^2)-(EY)^2$ 来求出 DX 和 DY，从而错误地使用方差的性质

$$D(X+Y)=DX+DY,$$

得到典型错解 $\frac{35}{72}$. 而应将 $X+Y$ 整体看作一个随机变量 Z 来求它的方差.

一般地，**对于离散型随机变量 X,Y，若要求 $E[g(X,Y)]$ 或 $D[g(X,Y)]$，则可先求出 $Z=g(X,Y)$ 的分布律，再去求一维随机变量 Z 的数学期望或方差.** 那么，对于连续型随机变量 X,Y，在求 $E[g(X,Y)]$ 时又有何不同之处呢？请看例 2.

【例 2】

(1) 设随机变量 X 的概率密度为

$$f_X(x)=\begin{cases}2x, & 0<x<1,\\ 0, & \text{其他},\end{cases}$$

则 $E(e^X)=$________.

(2) 设随机变量 X,Y 相互独立，且其概率密度分别为

$$f_X(x)=\begin{cases}2x, & 0<x<1,\\ 0, & \text{其他},\end{cases}\quad f_Y(y)=\begin{cases}e^{-y}, & y>0,\\ 0, & y\leqslant 0,\end{cases}$$

则 $E(e^{X-Y})=$________.

【解】

(1) $E(e^X)=\int_0^1 e^x\cdot 2x\,dx=\int_0^1 2x\,d(e^x)=[2xe^x]_0^1-2\int_0^1 e^x\,dx=2$

(2) **法一：**由于 X,Y 独立，故 X 和 Y 的联合概率密度为

$$f(x,y)=f_X(x)f_Y(y)=\begin{cases}2xe^{-y}, & 0<x<1,y>0,\\ 0, & \text{其他}.\end{cases}$$

于是，

$$E(\mathrm{e}^{X-Y})=\int_0^1\mathrm{d}x\int_0^{+\infty}\mathrm{e}^{x-y}\cdot 2x\mathrm{e}^{-y}\mathrm{d}y=\int_0^1\mathrm{d}x\int_0^{+\infty}2x\mathrm{e}^{x-2y}\mathrm{d}y$$

$$=\int_0^1 x\mathrm{e}^x\mathrm{d}x=[x\mathrm{e}^x]_0^1-\int_0^1\mathrm{e}^x\mathrm{d}x=1.$$

法二:由(1)可知 $E(\mathrm{e}^X)=2$.

$$E(\mathrm{e}^{-Y})=\int_0^{+\infty}\mathrm{e}^{-y}\cdot\mathrm{e}^{-y}\mathrm{d}y=\int_0^{+\infty}\mathrm{e}^{-2y}\mathrm{d}y=\frac{1}{2}.$$

由于 X,Y 独立,故 $\mathrm{e}^X,\mathrm{e}^{-Y}$ 独立,从而根据数学期望的性质,得

$$E(\mathrm{e}^{X-Y})=E(\mathrm{e}^X)E(\mathrm{e}^{-Y})=1.$$

【题外话】比较本例(2)与例 1(2)可知,与离散型随机变量不同,**对于连续型随机变量 X,Y,由于 $Z=g(X,Y)$ 的概率密度往往不易求出,故可根据**

$$E[g(X,Y)]=\int_{-\infty}^{+\infty}\mathrm{d}x\int_{-\infty}^{+\infty}g(x,y)f(x,y)\mathrm{d}y$$

或利用数学期望的性质来求 $E[g(X,Y)]$.

2. 利用常用分布的数学期望与方差

【例 3】 设随机变量 X_1,X_2,X_3 相互独立,且 X_1 在区间[1,3]上服从均匀分布,X_2 服从二项分布 $B\left(2,\frac{1}{2}\right)$,$X_3$ 服从参数为 $\frac{1}{3}$ 的几何分布. 记 $Y=3X_1-2X_2+X_3$,则 $DY=$ ________.

【解】由于

$$DX_1=\frac{(3-1)^2}{12}=\frac{1}{3},DX_2=2\times\frac{1}{2}\times\left(1-\frac{1}{2}\right)=\frac{1}{2},DX_3=\frac{1-\frac{1}{3}}{\left(\frac{1}{3}\right)^2}=6,$$

故 $DY=D(3X_1-2X_2+X_3)=3^2DX_1+2^2DX_2+DX_3=11$.

【题外话】本例告诉我们,**应牢记表 4-3 中常用分布的数学期望和方差**. 如果 X_1,X_2,X_3 的方差都能提笔写答案,那么本例将易如反掌.

【例 4】 (2010 年考研题)设随机变量 X 的概率分布为 $P\{X=k\}=\frac{C}{k!}$,$k=0,1,2,\cdots$,则 $E(X^2)=$ ________.

【分析】本例中的 X 服从什么分布呢?根据分布律的归一性,可以通过

$$1=\sum_{k=0}^{+\infty}P\{X=k\}=\sum_{k=0}^{+\infty}\frac{C}{k!}=C\sum_{k=0}^{+\infty}\frac{1}{k!}$$

来求出参数 C. 问题是级数 $\sum\limits_{k=0}^{+\infty}\frac{1}{k!}$ 的和该怎么求呢?由 e^x 的泰勒展开式

$$\mathrm{e}^x=1+x+\frac{x^2}{2!}+\cdots=\sum_{k=0}^{+\infty}\frac{x^k}{k!}$$

可知 $\sum\limits_{k=0}^{+\infty}\frac{1}{k!}=\mathrm{e}$,即得 $C=\mathrm{e}^{-1}$. 一旦求出了参数 C,那么就能识破 X 的"真面目"——它服从参数为 1 的泊松分布.

根据表 4-3，虽然可以知道 $EX=DX=1$，但是却并没有关于 $E(X^2)$ 的现成结论. 其实，由方差的计算公式

$$DX=E(X^2)-(EX)^2$$

便可得 $E(X^2)=DX+(EX)^2=2$.

【题外话】

(i) 值得注意的是，若所给分布律 $P\{X=x_i\}$ 的表达式中含有一个参数，则不论题中是否有求参数的明确要求，都应根据

$$\sum_{i=1}^{+\infty}P\{X=x_i\}=1,$$

先将所含参数求出，切莫使答案中再带有参数. 而关于 $\sum\limits_{i=1}^{+\infty}P\{X=x_i\}$ 的计算，有时只需要进行简单的加法即可(如第二章例 3)，有时却会涉及到求级数的和(如本例).

(ii) 由本例可知，**如果 EX 和 DX 都已知，那么可以通过**

$$E(X^2)=DX+(EX)^2$$

来求 $E(X^2)$，这尤其适用于服从常用分布的随机变量 X. 关于这种求 $E(X^2)$ 的重要方法，不妨再来看一道例题.

【例 5】 设二维随机变量 (X,Y) 服从正态分布 $N(1,2;1,2^2;0)$，则 $D(XY)=$ ________.

【解】 由于 $(X,Y)\sim N(1,2;1,2^2;0)$，故 X,Y 独立，且 $X\sim N(1,1)$，$Y\sim(2,2^2)$.

因为 $EX=DX=1$，$EY=2$，$DY=4$，所以

$$\begin{aligned}D(XY)&=E(X^2Y^2)-[E(XY)]^2=E(X^2)E(Y^2)-(EX\cdot EY)^2\\&=[DX+(EX)^2][DY+(EY)^2]-(EX\cdot EY)^2=12.\end{aligned}$$

【题外话】 值得注意的是，虽然本例中 X,Y 独立，但是不同于数学期望，就方差而言并没有"$D(XY)=DX\cdot DY$"的性质，请读者切莫"发明"公式.

【例 6】

(1) (2013 年考研题) 设随机变量 X 服从标准正态分布 $N(0,1)$，则 $E(Xe^{2X})=$ ________.

(2) (2017 年考研题) 设随机变量 X 的分布函数为

$$F(x)=0.5\Phi(x)+0.5\Phi\left(\frac{x-4}{2}\right),$$

其中，$\Phi(x)$ 为标准正态分布函数，则 $EX=$ ________.

【分析】

(1) 与例 5 不同，本例(1)无法直接利用正态随机变量的数学期望，而只能通过求积分来求 $E(Xe^{2X})$：

$$E(Xe^{2X})=\int_{-\infty}^{+\infty}xe^{2x}\cdot\frac{1}{\sqrt{2\pi}}e^{-\frac{x^2}{2}}dx=\int_{-\infty}^{+\infty}x\,\frac{1}{\sqrt{2\pi}}e^{-\frac{x^2}{2}+2x}dx.$$

对 $-\frac{x^2}{2}+2x$ 进行配方，则

$$E(Xe^{2X})=\int_{-\infty}^{+\infty}x\,\frac{1}{\sqrt{2\pi}}e^{-\frac{(x-2)^2}{2}+2}dx=e^2\int_{-\infty}^{+\infty}x\,\frac{1}{\sqrt{2\pi}}e^{-\frac{(x-2)^2}{2}}dx.$$

至此，本例(1)的答案其实已经一目了然. 如果能够发现

$$f(x)=\frac{1}{\sqrt{2\pi}}e^{-\frac{(x-2)^2}{2}}=\frac{1}{\sqrt{2\pi}\cdot 1}e^{-\frac{(x-2)^2}{2\cdot 1^2}}$$

就是服从正态分布 $N(2,1)$的随机变量 Y 的概率密度，那么

$$\int_{-\infty}^{+\infty}x\frac{1}{\sqrt{2\pi}}e^{-\frac{(x-2)^2}{2}}dx=\int_{-\infty}^{+\infty}xf(x)dx$$

不就等于 Y 的数学期望吗?! 所以，$E(Xe^{2X})=e^2E(Y)=2e^2$.

(2) 类似于本例(1)，本例(2)也只能通过求积分的方法来求 EX. 由于 X 的概率密度为

$$f(x)=F'(x)=0.5\varphi(x)+0.25\varphi\left(\frac{x-4}{2}\right)$$

(其中 $\varphi(x)$为标准正态概率密度)，故

$$EX=\int_{-\infty}^{+\infty}xf(x)dx=0.5\int_{-\infty}^{+\infty}x\varphi(x)dx+0.25\int_{-\infty}^{+\infty}x\varphi\left(\frac{x-4}{2}\right)dx.$$

不难发现，$\int_{-\infty}^{+\infty}x\varphi(x)dx$ 就等于标准正态随机变量的数学期望，即为零. 于是，只需要把目标对准 $\int_{-\infty}^{+\infty}x\varphi\left(\frac{x-4}{2}\right)dx$ 这个积分. 若令$\frac{x-4}{2}=u$，则 $x=2u+4$，且 $dx=d(2u+4)=2du$. 这时，

$$\int_{-\infty}^{+\infty}x\varphi\left(\frac{x-4}{2}\right)dx=\int_{-\infty}^{+\infty}(2u+4)\varphi(u)\cdot 2du=4\int_{-\infty}^{+\infty}u\varphi(u)du+8\int_{-\infty}^{+\infty}\varphi(u)du.$$

面对"硕果仅存"的两个积分，其结果不言而喻：

$$\int_{-\infty}^{+\infty}u\varphi(u)du=0,\int_{-\infty}^{+\infty}\varphi(u)du=1.$$

因此，

$$EX=0.25\int_{-\infty}^{+\infty}x\varphi\left(\frac{x-4}{2}\right)dx=\int_{-\infty}^{+\infty}u\varphi(u)du+2\int_{-\infty}^{+\infty}\varphi(u)du=2.$$

【题外话】纵观例 5 与本例，**面对与正态分布有关的数学期望和方差问题，虽然有时可以直接利用正态随机变量的数学期望和方差来解决**(如例 5)，**但是也会出现只能通过求积分来求数学期望的情况**(如本例)，**而此时，正态随机变量的数学期望往往"隐藏"在求积分的过程中**. 比如，对于本例(1)，在求积分 $\int_{-\infty}^{+\infty}xe^{2x}\cdot\frac{1}{\sqrt{2\pi}}e^{-\frac{x^2}{2}}dx$ 的过程中"隐藏"着正态随机变量 $N(2,1)$的数学期望 $\int_{-\infty}^{+\infty}x\frac{1}{\sqrt{2\pi}}e^{-\frac{(x-2)^2}{2}}dx$；对于本例(2)，在求积分 $\int_{-\infty}^{+\infty}xF'(x)dx$ 的过程中"隐藏"着标准正态随机变量的数学期望 $\int_{-\infty}^{+\infty}x\varphi(x)dx$ 和 $\int_{-\infty}^{+\infty}u\varphi(u)du$.

就服从常用分布的随机变量而言，如果说它们的数学期望和方差还有现成的结论可以使用，那么它们的协方差和相关系数，恐怕就只能利用计算公式或性质按部就班地去计算了.

问题 2 协方差与相关系数的相关问题

知识储备

1. 协方差的计算公式

随机变量 X 与 Y 的协方差

$$\mathrm{Cov}(X,Y)=E(XY)-EX\cdot EY. \tag{4-3}$$

【注】

(i) 协方差 $\mathrm{Cov}(X,Y)$ 是由数学期望 $E[(X-EX)(Y-EY)]$ 来定义的，它是方差的推广，不难发现 $\mathrm{Cov}(X,X)=DX$. 而根据表 4-2 中数学期望的性质，便可得式(4-3). 为了使计算更方便，一般都利用式(4-3)来求协方差，而非其定义.

(ii) $E(X^k)(k=1,2,\cdots)$ 和 $E[(X-EX)^k](k=2,3,\cdots)$ 分别称为随机变量的 k 阶(原点)矩和 k 阶中心矩，$E(X^kY^l)(k,l=1,2,\cdots)$ 和 $E[(X-EX)^k(Y-EY)^l](k,l=1,2,\cdots)$ 分别称为随机变量 X 与 Y 的 $k+l$ 阶混合矩和 $k+l$ 阶混合中心矩. 其实，EX 就是 X 的一阶原点矩，DX 就是 X 的二阶中心矩，$\mathrm{Cov}(X,Y)$ 就是 X 与 Y 的二阶混合中心矩.

2. 协方差的性质

设 a,b 为常数，则

① $\mathrm{Cov}(X,Y)=\mathrm{Cov}(Y,X)$；

② $\mathrm{Cov}(a,X)=\mathrm{Cov}(X,a)=0$；

③ $\mathrm{Cov}(aX,bY)=ab\mathrm{Cov}(X,Y)$；

④ $\mathrm{Cov}(X_1+X_2,Y)=\mathrm{Cov}(X_1,Y)+\mathrm{Cov}(X_2,Y)$；

⑤ $D(X\pm Y)=DX+DY\pm 2\mathrm{Cov}(X,Y)$.

【证⑤】
$$\begin{aligned}D(X\pm Y)&=E[(X\pm Y)^2]-[E(X\pm Y)]^2=E(X^2\pm 2XY+Y^2)-(EX\pm EY)^2\\&=E(X^2)\pm 2E(XY)+E(Y^2)-[(EX)^2\pm 2EX\cdot EY+(EY)^2]\\&=[E(X^2)-(EX)^2]+[E(Y^2)-(EY)^2]\pm 2[E(XY)-EX\cdot EY]\\&=DX+DY\pm 2\mathrm{Cov}(X,Y).\end{aligned}$$

3. 相关系数的计算公式

随机变量 X 与 Y 的相关系数

$$\rho_{XY}=\frac{\mathrm{Cov}(X,Y)}{\sqrt{DX}\cdot\sqrt{DY}}. \tag{4-4}$$

4. 相关系数的性质

① $|\rho_{XY}|\leqslant 1$；

② $|\rho_{XY}|=1$ 的充分必要条件是存在常数 $a,b(a\neq 0)$，使得 $P\{Y=aX+b\}=1$，并且当

$a>0$ 时，$\rho_{XY}=1$；当 $a<0$ 时，$\rho_{XY}=-1$.

【注】 相关系数是用于表示两个随机变量之间线性关系强弱程度的数字特征. 随着 $|\rho_{XY}|$ 从 0 到 1，X 与 Y 之间的线性关系逐渐由弱到强. 当 $|\rho_{XY}|=1$ 时，X 与 Y 之间的线性关系最强；而当 $\rho_{XY}=0$ 时，X 与 Y 之间的线性关系最弱，此时称 X,Y 不相关.

问题研究

1. 协方差与相关系数的计算

题眼探索 协方差和相关系数该如何计算呢？计算协方差主要借助计算公式

$$\mathrm{Cov}(X,Y)=E(XY)-EX\cdot EY,$$

从而转化为两个随机变量的函数的数学期望 $E(XY)$，以及一个随机变量的数学期望 EX 和 EY 来计算；计算相关系数主要借助计算公式

$$\rho_{XY}=\frac{\mathrm{Cov}(X,Y)}{\sqrt{DX}\cdot\sqrt{DY}},$$

从而转化为协方差 $\mathrm{Cov}(X,Y)$，以及方差 DX 和 DY 来计算，并且不但 $\mathrm{Cov}(X,Y)$ 可以转化为数学期望来计算，DX,DY 也能够分别借助计算公式

$$DX=E(X^2)-(EX)^2,DY=E(Y^2)-(EY)^2,$$

从而转化为一个随机变量的函数的数学期望 $E(X^2),E(Y^2)$，以及一个随机变量的数学期望 EX,EY 来计算.

由此可见，在随机变量的四个数字特征——数学期望、方差、协方差和相关系数中，数学期望是它们的“带头大哥”，**其他三个数字特征都能转化为数学期望来计算**. 这意味着只要“攻克”了数学期望的计算，那么方差、协方差和相关系数的计算也就自然而然地被“攻克”了. 另外，相关系数的计算无疑是这四个数字特征中综合性最强的，这是因为其余的数字特征都无一例外地“参与”了其中. 正因如此，它往往会受到命题者的青睐，比如例 7.

(1) 利用计算公式

【例 7】 (2004 年考研题)设 A,B 为两个随机事件，且

$$P(A)=\frac{1}{4},P(B\mid A)=\frac{1}{3},P(A\mid B)=\frac{1}{2},$$

令随机变量

$$X=\begin{cases}1, & A\text{ 发生},\\ 0, & A\text{ 不发生},\end{cases}\quad Y=\begin{cases}1, & B\text{ 发生},\\ 0, & B\text{ 不发生}.\end{cases}$$

(1) 求二维随机变量 (X,Y) 的概率分布；

(2) 求 X 和 Y 的相关系数 ρ_{XY}；

(3) 求 $Z=X^2+Y^2$ 的概率分布.

【解】(1) 由第三章例 1(1)可知，(X,Y)的概率分布为

X \ Y	0	1
0	$\frac{2}{3}$	$\frac{1}{12}$
1	$\frac{1}{6}$	$\frac{1}{12}$

(2) 由第三章例 1(2)可知，X,Y 的边缘分布律分别为

X	0	1
P	$\frac{3}{4}$	$\frac{1}{4}$

Y	0	1
P	$\frac{5}{6}$	$\frac{1}{6}$

由

$$EX=0\times\frac{3}{4}+1\times\frac{1}{4}=\frac{1}{4},\quad EY=0\times\frac{5}{6}+1\times\frac{1}{6}=\frac{1}{6}$$

及

$$E(X^2)=0^2\times\frac{3}{4}+1^2\times\frac{1}{4}=\frac{1}{4},\quad E(Y^2)=0^2\times\frac{5}{6}+1^2\times\frac{1}{6}=\frac{1}{6}$$

可得

$$DX=E(X^2)-(EX)^2=\frac{3}{16},\quad DY=E(Y^2)-(EY)^2=\frac{5}{36}.$$

由于 XY 的分布律为

XY	0	1
P	$\frac{11}{12}$	$\frac{1}{12}$

故

$$E(XY)=0\times\frac{11}{12}+1\times\frac{1}{12}=\frac{1}{12},$$

从而

$$\mathrm{Cov}(X,Y)=E(XY)-EX\cdot EY=\frac{1}{24}.$$

于是，

$$\rho_{XY}=\frac{\mathrm{Cov}(X,Y)}{\sqrt{DX}\cdot\sqrt{DY}}=\frac{\sqrt{15}}{15}.$$

(3) $Z=X^2+Y^2$ 所有可能取的值为 0,1,2.

由于

$$P\{Z=0\}=P\{X=0,Y=0\}=\frac{2}{3},$$

$$P\{Z=1\}=P\{X=0,Y=1\}+P\{X=1,Y=0\}=\frac{1}{12}+\frac{1}{6}=\frac{1}{4},$$

$$P\{Z=2\}=P\{X=1,Y=1\}=\frac{1}{12},$$

故 Z 的分布律为

Z	0	1	2
P	$\frac{2}{3}$	$\frac{1}{4}$	$\frac{1}{12}$

【例 8】 (2006 年考研题)设随机变量 X 的概率密度为

$$f_X(x)=\begin{cases}\frac{1}{2}, & -1<x<0,\\ \frac{1}{4}, & 0\leqslant x<2,\\ 0, & \text{其他}.\end{cases}$$

令 $Y=X^2$，$F(x,y)$ 为二维随机变量 (X,Y) 的分布函数. 求：

(1) Y 的概率密度 $f_Y(y)$；

(2) $\mathrm{Cov}(X,Y)$；

(3) $F\left(-\frac{1}{2},4\right)$.

【解】 (1) $F_Y(y)=P\{Y\leqslant y\}=P\{X^2\leqslant y\}=\begin{cases}P\{-\sqrt{y}\leqslant X\leqslant\sqrt{y}\}, & y\geqslant 0,\\ 0, & y<0.\end{cases}$

如图 4－1 所示，

① 当 $0\leqslant y<1$ 时，$F_Y(y)=\int_{-\sqrt{y}}^{0}\frac{1}{2}\mathrm{d}x+\int_{0}^{\sqrt{y}}\frac{1}{4}\mathrm{d}x=\frac{3}{4}\sqrt{y}$；

② 当 $1\leqslant y<4$ 时，$F_Y(y)=\int_{-1}^{0}\frac{1}{2}\mathrm{d}x+\int_{0}^{\sqrt{y}}\frac{1}{4}\mathrm{d}x=\frac{1}{2}+\frac{1}{4}\sqrt{y}$；

③ 当 $y\geqslant 4$ 时，$F_Y(y)=\int_{-1}^{0}\frac{1}{2}\mathrm{d}x+\int_{0}^{2}\frac{1}{4}\mathrm{d}x=1$.

故

$$F_Y(y)=\begin{cases}0, & y<0,\\ \frac{3}{4}\sqrt{y}, & 0\leqslant y<1,\\ \frac{1}{2}+\frac{1}{4}\sqrt{y}, & 1\leqslant y<4,\\ 1, & y\geqslant 4,\end{cases}$$

从而

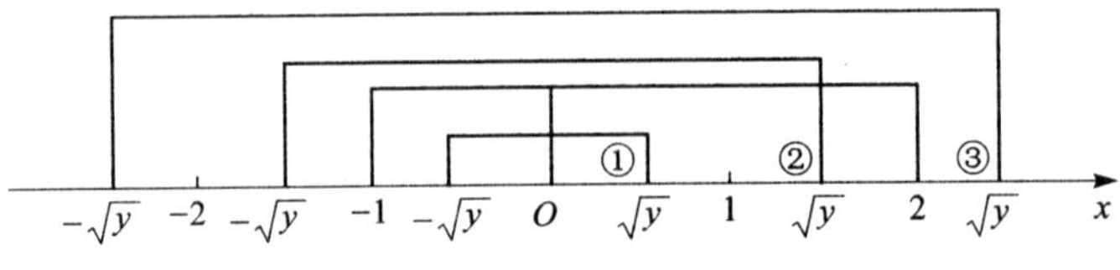

图 4－1

$$f_Y(y)=\begin{cases}\dfrac{3}{8\sqrt{y}}, & 0<y<1,\\ \dfrac{1}{8\sqrt{y}}, & 1\leqslant y<4,\\ 0, & \text{其他}.\end{cases}$$

(2) 由

$$EX=\int_{-1}^{0}\frac{1}{2}x\,dx+\int_{0}^{2}\frac{1}{4}x\,dx=\frac{1}{4},$$

$$EY=E(X^2)=\int_{-1}^{0}\frac{1}{2}x^2\,dx+\int_{0}^{2}\frac{1}{4}x^2\,dx=\frac{5}{6},$$

$$E(XY)=E(X^3)=\int_{-1}^{0}\frac{1}{2}x^3\,dx+\int_{0}^{2}\frac{1}{4}x^3\,dx=\frac{7}{8}$$

可得

$$\mathrm{Cov}(X,Y)=E(XY)-EX\cdot EY=\frac{2}{3}.$$

(3) $F\left(-\frac{1}{2},4\right)=P\left\{X\leqslant-\frac{1}{2},Y\leqslant4\right\}=P\left\{X\leqslant-\frac{1}{2},X^2\leqslant4\right\}$

$$=P\left\{X\leqslant-\frac{1}{2},-2\leqslant X\leqslant2\right\}=P\left\{-2\leqslant X\leqslant-\frac{1}{2}\right\}$$

$$=\int_{-1}^{-\frac{1}{2}}\frac{1}{2}dx=\frac{1}{4}.$$

【题外话】

(i) 本例(1)是一个连续型随机变量的函数的分布问题.然而与第二章例 13 不同的是,$f_X(x)$函数值非零的区间不止一个.此时,可参看图 4-1,讨论所求概率的区间$[-\sqrt{y},\sqrt{y}]$与$f_X(x)$函数值非零的区间$(-1,0)$和$[0,2)$的交集分别是什么,并通过解不等式$0\leqslant\sqrt{y}<1$,$1\leqslant\sqrt{y}<2$和$\sqrt{y}\geqslant2$来确定应该按$0\leqslant y<1$,$1\leqslant y<4$和$y\geqslant4$进行分类讨论.

(ii) 纵观例 7 与本例,当概率论的"探索之旅"进展到了"随机变量的数字特征"时,之前所探讨过的问题都能被完美地"交织"在一起,以一道综合题的面貌呈现在读者面前.例 7 的第(1)、第(2)、第(3)问分别主要涉及到了第一、四、三章中的内容,而本例的第(1)、第(2)、第(3)问分别主要涉及到了第二、四、三章中的内容.例 7 和本例分别是关于离散型和连续型随机变量的综合题的典范.

(iii) 如果把协方差和相关系数的计算问题比作一棵树,那么它们的计算公式就是树的"主干",而数学期望的计算便是树的"根".同时,这棵树要想枝繁叶茂,当然也离不开枝叶的点缀,而充当"枝叶"的是协方差和相关系数的性质.没错,若能利用好它们的性质,则有时会起到事半功倍的作用,请看例 9.

(2) 利用性质

【例 9】

(1) 设随机变量 X,Y 满足 $Y=aX+b$(a,b 为常数,且 $a\neq0$),证明$|\rho_{XY}|=1$.

(2) (2012 年考研题)将长度为 1 m 的木棒随机地截成两段,则两段长度的相关系数

为(　　)

(A) 1.　　(B) $\frac{1}{2}$.　　(C) $-\frac{1}{2}$.　　(D) -1.

(1)【证】由

$$\begin{aligned}\mathrm{Cov}(X,Y)&=\mathrm{Cov}(X,aX+b)=\mathrm{Cov}(X,aX)+\mathrm{Cov}(X,b)\\&=\mathrm{Cov}(X,aX)=a\mathrm{Cov}(X,X)=aDX,\\DY&=D(aX+b)=a^2DX\end{aligned}$$

可得

$$\rho_{XY}=\frac{\mathrm{Cov}(X,Y)}{\sqrt{DX}\cdot\sqrt{DY}}=\frac{aDX}{\sqrt{DX}\cdot\sqrt{a^2DX}}=\frac{a}{|a|}.$$

所以，当 $a>0$ 时，$\rho_{XY}=1$；当 $a<0$ 时，$\rho_{XY}=-1$，即 $|\rho_{XY}|=1$.

(2)【解】设两段长度分别为 X,Y，则 $X+Y=1$，即 $Y=-X+1$. 故由(1)可知 $\rho_{XY}=-1$，选(D).

【题外话】

(i) 本例(1)在求 $\mathrm{Cov}(X,Y)$ 时先后用到了协方差的性质④、性质②和性质③. 当然，若不使用这些性质，也能利用式(4-3)、式(4-1)和数学期望的性质得到 $\mathrm{Cov}(X,Y)=aDX$，但计算过程会"曲折"一些，读者可自行练习.

(ii) 本例(1)告诉我们，**若 $Y=aX+b(a\neq 0)$，则当 $a>0$ 时，$\rho_{XY}=1$；当 $a<0$ 时，$\rho_{XY}=-1$.** 一旦利用了这个结论，那么本例(2)就简单得成了一道"口算题"！

此外，若 $|\rho_{XY}|=1$，则 X,Y 几乎处处满足线性关系 $Y=aX+b(a\neq 0)$，即 $P\{Y=aX+b\}=1$. 那么，其中的常数 a,b 该怎么求呢？这就是例 10 所面临的问题.

【例 10】 (2008 年考研题)设随机变量 $X\sim N(0,1)$，$Y\sim N(1,4)$，且相关系数 $\rho_{XY}=1$，则(　　)

(A) $P\{Y=-2X-1\}=1$.　　(B) $P\{Y=2X-1\}=1$.

(C) $P\{Y=-2X+1\}=1$.　　(D) $P\{Y=2X+1\}=1$.

【解】由 $X\sim N(0,1)$，$Y\sim N(1,4)$ 可知 $EX=0$，$DX=1$，$EY=1$，$DY=4$.

因为 $\rho_{XY}=1$，所以存在常数 $a,b(a\neq 0)$，使得 $P\{Y=aX+b\}=1$，从而 $EY=aEX+b$，即 $b=1$.

由 $P\{Y=aX+b\}=1$ 又可知 $P\{XY=X(aX+b)\}=1$，故

$$E(XY)=E[X(aX+b)]=aE(X^2)+bEX=a[DX+(EX)^2]=a.$$

于是，由 $1=\rho_{XY}=\dfrac{E(XY)-EX\cdot EY}{\sqrt{DX}\cdot\sqrt{DY}}=\dfrac{a}{2}$ 得 $a=2$，故选(D).

【题外话】**一般地，若 $|\rho_{XY}|=1$，则 $P\{Y=aX+b\}=1$，并且当 $\rho_{XY}=1$ 时，$a=\sqrt{\dfrac{DY}{DX}}$；当 $\rho_{XY}=-1$ 时，$a=-\sqrt{\dfrac{DY}{DX}}$，而 $b=EY-aEX$.**

作为表示两个随机变量之间线性关系强弱程度的数字特征，相关系数 $\rho_{XY}=\pm 1$ 刻画了当随机变量 X,Y 之间线性关系最强时的情形. 而对于当 X,Y 之间线性关系最弱时的情形，下面将进行深入的探讨.

2. 随机变量的不相关性问题

题眼探索　随机变量 X,Y 不相关是由它们的相关系数 $\rho_{XY}=0$ 来定义的. 由相关系数的计算公式(4-4)可知,$\rho_{XY}=0$ 就意味着 $\mathrm{Cov}(X,Y)=0$. 而根据协方差的计算公式(4-3),$\mathrm{Cov}(X,Y)=0$ 则又无异于 $E(XY)=EX\cdot EY$. 不仅如此,协方差的性质⑤还告诉我们,$D(X\pm Y)=DX+DY$ 也是 $\mathrm{Cov}(X,Y)=0$ 的充分必要条件. 这样看来,**以下5种表述是完全等价的:**

$$\begin{aligned}X,Y\text{ 不相关}&\Leftrightarrow\rho_{XY}=0\\&\Leftrightarrow\mathrm{Cov}(X,Y)=0\\&\Leftrightarrow E(XY)=EX\cdot EY\\&\Leftrightarrow D(X\pm Y)=DX+DY.\end{aligned}$$

此外,若 X,Y 独立,则由

$$\begin{aligned}E(XY)&=\sum_{i=1}^{+\infty}\sum_{j=1}^{+\infty}x_iy_jP\{X=x_i,Y=y_j\}=\sum_{i=1}^{+\infty}\sum_{j=1}^{+\infty}x_iy_jP\{X=x_i\}P\{Y=y_j\}\\&=\Big(\sum_{i=1}^{+\infty}x_iP\{X=x_i\}\Big)\Big(\sum_{j=1}^{+\infty}y_jP\{Y=y_j\}\Big)=EX\cdot EY\end{aligned}$$

(当 X,Y 为离散型随机变量时)或

$$\begin{aligned}E(XY)&=\int_{-\infty}^{+\infty}\mathrm{d}x\int_{-\infty}^{+\infty}xyf(x,y)\mathrm{d}y=\int_{-\infty}^{+\infty}\mathrm{d}x\int_{-\infty}^{+\infty}xyf_X(x)f_Y(y)\mathrm{d}y\\&=\left[\int_{-\infty}^{+\infty}xf_X(x)\mathrm{d}x\right]\left[\int_{-\infty}^{+\infty}yf_Y(y)\mathrm{d}y\right]=EX\cdot EY\end{aligned}$$

(当 X,Y 为连续型随机变量时)可知 X,Y 不相关. 既然独立的随机变量 X,Y 一定不相关,那么不相关的随机变量 X,Y 一定独立吗? 请看例 11.

【例 11】　设二维随机变量(X,Y)的概率密度为

$$f(x,y)=\begin{cases}\dfrac{3\sqrt{2}}{4}, & 0<x<1,0<y<\dfrac{3\sqrt{2}}{2}x,\\0, & \text{其他}.\end{cases}$$

问随机变量 X,Y 是否不相关? 并说明理由.

【解】如图 4-2(a)所示,当 $0<x<1$ 时,$f_X(x)=\int_0^{\frac{3\sqrt{2}}{2}x}\dfrac{3\sqrt{2}}{4}\mathrm{d}y=\dfrac{9}{4}x$.

故

$$f_X(x)=\begin{cases}\dfrac{9}{4}x, & 0<x<1,\\0, & \text{其他}.\end{cases}$$

如图 4-2(b)所示,当 $0<y<\dfrac{3\sqrt{2}}{2}$时,$f_Y(y)=\int_{\frac{\sqrt{2}}{3}y}^{1}\dfrac{3\sqrt{2}}{4}\mathrm{d}x=\dfrac{3\sqrt{2}}{4}\left(1-\dfrac{\sqrt{2}}{3}y\right)$.

故

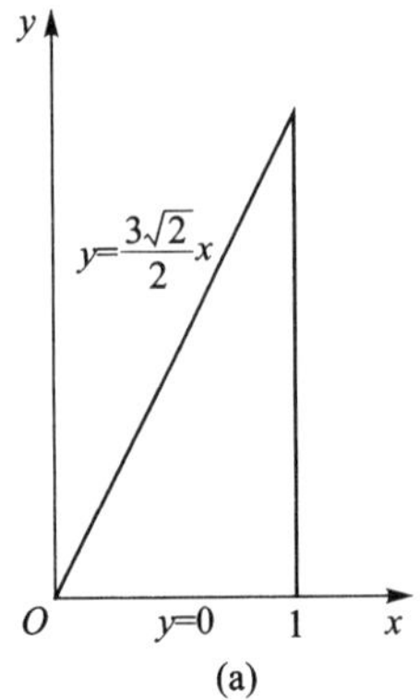

(a)

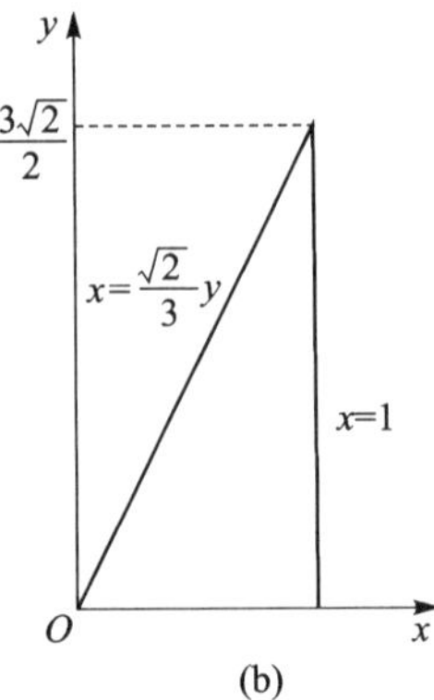

(b)

图 4－2

$$f_Y(y)=\begin{cases}\dfrac{3\sqrt{2}}{4}\left(1-\dfrac{\sqrt{2}}{3}y\right), & 0<y<\dfrac{3\sqrt{2}}{2},\\ 0, & \text{其他}.\end{cases}$$

由

$$EX=\int_0^1 \frac{9}{4}x^2\,\mathrm{d}x=\frac{3}{4},$$

$$EY=\int_0^{\frac{3\sqrt{2}}{2}} \frac{3\sqrt{2}}{4}y\left(1-\frac{\sqrt{2}}{3}y\right)\mathrm{d}y=\frac{9\sqrt{2}}{16},$$

$$E(XY)=\int_0^1\mathrm{d}x\int_0^{\frac{3\sqrt{2}}{2}x}\frac{3\sqrt{2}}{4}xy\,\mathrm{d}y=\int_0^1\frac{27\sqrt{2}}{16}x^3\,\mathrm{d}x=\frac{27\sqrt{2}}{64}$$

可知 $\mathrm{Cov}(X,Y)=E(XY)-EX\cdot EY=0$，故 X,Y 不相关.

【题外话】

(i) **判断 X,Y 是否不相关的常用方法是考察 $\mathrm{Cov}(X,Y)$ 是否为零.**

(ii) 对于本例，由 $f(x,y)\neq f_X(x)f_Y(y)$（或 $f(x,y)$ 函数值非零的区域不是方形区域）可知 X,Y 不独立，而它们却不相关. 如此说来，**虽然独立的随机变量 X,Y 一定不相关，但是不相关的随机变量 X,Y 却不一定独立**. 事实上，X,Y 不相关只是针对它们之间的线性关系而言的，并不能代表 X,Y 之间没有其他关系. 当然，如果 $\rho_{XY}\neq 0$，那么 X,Y 就一定不独立，这也是第三章例 18(2)还能够通过 $\mathrm{Cov}(U,X)$ 或 ρ_{UX} 不为零来说明 U,X 不独立的原因.

此外，**若二维随机变量 (X,Y) 服从正态分布 $N(\mu_1,\mu_2;\sigma_1^2,\sigma_2^2;\rho)$，则参数 ρ 就表示 X 与 Y 的相关系数，并且 X,Y 不相关是 X,Y 独立的充分必要条件.**

独立性和不相关性是随机变量之间的两个重要关系. 完成了对于它们的探讨，就可以跟协方差和相关系数"说再见"了. 虽然"告别"了协方差和相关系数，但却不得不请回我们的"老朋友"——数学期望和方差，这是因为它们将在切比雪夫不等式、大数定律和中心极限定理中"扮演重要的角色".

问题 3　切比雪夫不等式、大数定律与中心极限定理的应用

知识储备

1. 切比雪夫不等式

设随机变量 X 的数学期望 EX 和方差 DX 都存在，则任取 $\varepsilon>0$，有

$$P\{|X-EX|\geqslant\varepsilon\}\leqslant\frac{DX}{\varepsilon^2}.$$

2. 大数定律

(1) 依概率收敛

设 $X_1,X_2,\cdots,X_n,\cdots$ 是一个随机变量序列，a 为常数，若任取 $\varepsilon>0$，有

$$\lim_{n\to\infty}P\{|X_n-a|<\varepsilon\}=1,$$

则称 $X_1,X_2,\cdots,X_n,\cdots$ 依概率收敛于 a，记作 $X_n\xrightarrow{P}a$.

【注】 所谓"$X_1,X_2,\cdots,X_n,\cdots$ 依概率收敛于 a"，就是说当 n 充分大时，X_n 很可能接近于 a.

(2) 大数定律

① 切比雪夫大数定律：设 $X_1,X_2,\cdots,X_n,\cdots$ 是一个两两不相关的随机变量序列，若每个 X_i 的方差都存在，且有公共的上界，即存在常数 C，使 $D(X_i)\leqslant C$，$i=1,2,\cdots$，则任取 $\varepsilon>0$，有

$$\lim_{n\to\infty}P\left\{\left|\frac{1}{n}\sum_{i=1}^{n}X_i-\frac{1}{n}\sum_{i=1}^{n}E(X_i)\right|<\varepsilon\right\}=1,$$

即

$$\frac{1}{n}\sum_{i=1}^{n}X_i\xrightarrow{P}\frac{1}{n}\sum_{i=1}^{n}E(X_i).\tag{4-4}$$

② 辛钦大数定律：设 $X_1,X_2,\cdots,X_n,\cdots$ 是一个独立同分布的随机变量序列，若 $E(X_i)$ 存在（$i=1,2,\cdots$），则任取 $\varepsilon>0$，有

$$\lim_{n\to\infty}P\left\{\left|\frac{1}{n}\sum_{i=1}^{n}X_i-E(X_i)\right|<\varepsilon\right\}=1,$$

即

$$\frac{1}{n}\sum_{i=1}^{n}X_i\xrightarrow{P}E(X_i).$$

【注】 事实上，若 $X_1,X_2,\cdots,X_n,\cdots$ 同分布，则只要每个 X_i 的数学期望 $E(X_i)$ 存在，就一定相同，即有 $\frac{1}{n}\sum_{i=1}^{n}E(X_i)=E(X_i)$. 因此，切比雪夫大数定律与辛钦大数定律都表明，当 **n 充分大时，随机变量 $X_1,X_2,\cdots,X_n$ 的算术平均值 $\overline{X}=\frac{1}{n}\sum_{i=1}^{n}X_i$ 很可能接近于它的数学**

期望

$$E(\overline{X})=E\left(\frac{1}{n}\sum_{i=1}^{n}X_i\right)=\frac{1}{n}\sum_{i=1}^{n}E(X_i).$$

只不过这两个定律的条件不同而已.

③ 伯努利大数定律:设 f_A 为 n 重伯努利试验中事件 A 发生的次数,p 为每次试验中 A 发生的概率,则任取 $\varepsilon>0$,有

$$\lim_{n\to\infty}P\left\{\left|\frac{f_A}{n}-p\right|<\varepsilon\right\}=1,$$

即

$$\frac{f_A}{n}\xrightarrow{P}p.$$

【注】 该定理表明,当 n 充分大时,事件 A 发生的频率 $\frac{f_A}{n}$ 很可能接近于 A 发生的概率 p. 它还可以这样表述:若随机变量 $Y\sim B(n,p)$,则 $\frac{Y}{n}\xrightarrow{P}p$. 而 Y 可看作 n 个相互独立且均服从参数为 p 的 0—1 分布的随机变量 $X_1,X_2,\cdots,X_n$ 之和,即有 $\frac{1}{n}\sum_{i=1}^{n}X_i=\frac{Y}{n}$,$E(X_i)=p\ (i=1,2,\cdots,n)$. 这意味着伯努利大数定律只不过是辛钦大数定律的特例而已. 由此可见,**三个大数定律的结论都可以写成式(4-4)的形式.**

3. 中心极限定理

设 $X_1,X_2,\cdots,X_n,\cdots$ 是一个独立同分布的随机变量序列,若 $E(X_i)$ 和 $D(X_i)$ 都存在且 $D(X_i)>0(i=1,2,\cdots)$,则对于任意实数 x,有

$$\lim_{n\to\infty}P\left\{\frac{\sum_{i=1}^{n}X_i-nE(X_i)}{\sqrt{nD(X_i)}}\leqslant x\right\}=\Phi(x),$$

其中 $\Phi(x)$ 是标准正态随机变量的分布函数(下同).

特别地,若随机变量 $Y\sim B(n,p)$,则

$$\lim_{n\to\infty}P\left\{\frac{Y-np}{\sqrt{np(1-p)}}\leqslant x\right\}=\Phi(x).$$

【注】 通俗地说,中心极限定理揭示了当 n 充分大时,独立同分布的随机变量 X_1,$X_2,\cdots,X_n$ 之和 $\sum_{i=1}^{n}X_i$ 近似地服从正态分布 $N(nE(X_i),nD(X_i))$,即它的标准化变量

$$\frac{\sum_{i=1}^{n}X_i-nE(X_i)}{\sqrt{nD(X_i)}}$$

近似地服从标准正态分布.

由于服从二项分布 $B(n,p)$ 的随机变量 Y,可看作 n 个相互独立且均服从参数为 p 的 0-1 分布的随机变量之和,而 $EY=np$,$DY=np(1-p)$,故当 n 充分大时,Y 也近似地服从

正态分布 $N(np,np(1-p))$.

问题研究

1. 切比雪夫不等式的应用

【例 12】 (2001 年考研题)设随机变量 X 和 Y 的数学期望都是 2,方差分别为 1 和 4,而相关系数为 0.5,则根据切比雪夫不等式 $P\{|X-Y|\geqslant 6\}\leqslant$________.

【解】 由于

$$E(X-Y)=EX-EY=0,$$

$$D(X-Y)=DX+DY-2\mathrm{Cov}(X,Y)=DX+DY-2\sqrt{DX}\sqrt{DY}\rho_{XY}=3,$$

故根据切比雪夫不等式,

$$P\{|X-Y|\geqslant 6\}=P\{|(X-Y)-E(X-Y)|\geqslant 6\}\leqslant\frac{D(X-Y)}{6^2}=\frac{1}{12}.$$

2. 大数定律的应用

【例 13】 设随机变量 $X_1,X_2,\cdots,X_n,\cdots$ 相互独立,且都服从参数为 2 的泊松分布,则当 $n\to\infty$ 时,$Y_n=\dfrac{1}{n}\sum\limits_{i=1}^{n}X_i^2$ 依概率收敛于________.

【解】 由于 $X_1,X_2,\cdots,X_n,\cdots$ 独立同分布,故 $X_1^2,X_2^2,\cdots,X_n^2,\cdots$ 也独立同分布. 于是根据辛钦大数定律,由 $E(X_i)=D(X_i)=2(i=1,2,\cdots)$ 可知,Y_n 依概率收敛于

$$E(X_i^2)=D(X_i)+[E(X_i)]^2=6.$$

3. 中心极限定理的应用

【例 14】 某蛋糕店每日出售 100 个蛋糕,售出每个蛋糕的品种是随机的. 假设每售出一个蛋糕,它恰好是水果蛋糕的概率为 0.2. 若 $\Phi(x)$ 表示标准正态分布函数,则利用中心极限定理可得该蛋糕店每日至少售出 12 个水果蛋糕的概率的近似值为

(A) $\Phi(2)$.　　(B) $1-\Phi(2)$.　　(C) $\Phi(0.5)$.　　(D) $1-\Phi(0.5)$.

【解】 设 Y 表示每日售出水果蛋糕的个数,则 $Y\sim B(100,0.2)$,且 $EY=20,DY=16$. 故根据中心极限定理,Y 近似地服从正态分布 $N(20,4^2)$.

于是,

$$P\{Y\geqslant 12\}=1-P\{Y\leqslant 12\}=1-P\left\{\frac{Y-20}{4}\leqslant\frac{12-20}{4}\right\}\approx 1-\Phi(-2)=\Phi(2),$$

选(A).

【例 15】 (2001 年考研题)生产线生产的产品成箱包装,每箱的重量是随机的,假设每箱平均重 50 千克,标准差为 5 千克. 若用最大载重量为 5 吨的汽车承运,试利用中心极限定理说明每辆车最多可以装多少箱,才能保障不超载的概率大于 0.977.($\Phi(2)=0.977$,其中 $\Phi(x)$ 是标准正态分布函数.)

【解】 设 $X_i(i=1,2,\cdots,n)$ 表示装运的第 i 箱产品的重量(单位:千克),n 为所求箱数,

则 $E(X_i)=50,D(X_i)=25$.

故根据中心极限定理，$\sum_{i=1}^{n}X_i$ 近似地服从正态分布 $N(50n,25n)$.

于是，

$$P\left\{\sum_{i=1}^{n}X_i\leqslant 5\ 000\right\}=P\left\{\frac{\sum_{i=1}^{n}X_i-50n}{5\sqrt{n}}\leqslant\frac{5\ 000-50n}{5\sqrt{n}}\right\}$$

$$\approx\Phi\left(\frac{1\ 000-10n}{\sqrt{n}}\right)>0.977=\Phi(2).$$

解不等式 $\frac{1\ 000-10n}{\sqrt{n}}>2$ 得 $n<98.019\ 9$，故最多可以装98箱.

【题外话】

(i) 纵观例14和本例，它们都是中心极限定理在现实背景下的应用性问题. 有的读者可能会觉得中心极限定理"面目狰狞"，而解决此类问题，其实只需要立足于它的"通俗版"即可：**设 $X_1,X_2,\cdots,X_n,\cdots$ 独立同分布，则当 n 充分大时，$\sum_{i=1}^{n}X_i$ 近似地服从正态分布**

$$N(nE(X_i),nD(X_i));$$

特别地，设 $Y\sim B(n,p)$，则当 n 充分大时，Y 近似地服从正态分布

$$N(np,np(1-p)).$$

利用"通俗版"中心极限定理的前提是要能够根据题目的现实背景合理地"设随机变量"，并得到它的数学期望和方差. 比如，对于例14，"该蛋糕店出售蛋糕"可看作一个伯努利试验，这是因为它只有"售出的蛋糕是水果蛋糕"(可看作试验成功)和"售出的蛋糕不是水果蛋糕"(可看作试验失败)两个对立的结果. 所以，不妨把"每日售出水果蛋糕的个数"设为随机变量 Y，并且 Y 服从二项分布，而根据表4-3，便能得到其数学期望和方差. 本例的关键在于"不超载的概率大于0.977"这个条件. 那么，何为"不超载"呢？这意味着所运载的各箱产品的总重量要小于等于汽车的最大载重量5 000千克. 于是，不妨把"装运的第 i 箱产品的重量"设为随机变量 X_i，把所求箱数设为 n. 此时，所运载的各箱产品的总重量就为 $\sum_{i=1}^{n}X_i$，"不超载"的概率也就能用 $P\left\{\sum_{i=1}^{n}X_i\leqslant 5\ 000\right\}$ 来表示了. 至于 $E(X_i)$ 和 $\sqrt{D(X_i)}$，则题目中都已经给出了.

一旦确定了随机变量并得到了其数学期望和方差，那么中心极限定理的应用性问题就能转化为一维正态随机变量的概率问题. 例14和本例分别转化为了其中的"求概率"和"解概率不等式"这两个问题(可参看第二章例11).

(ii) 其实，**切比雪夫不等式、大数定律和中心极限定理都是对于数学期望和方差的应用**. 具体地说，切比雪夫不等式是在随机变量的分布未知的情况下，根据数学期望和方差来粗略地估计概率的界限(比如，例12的关键在于求出 $X-Y$ 的数学期望和方差)；三个大数定律"不约而同"地揭示了，随机变量的算术平均值依概率收敛于它的数学期望(比如，例13转化为了求 X_i^2 的数学期望)；而根据中心极限定理，独立同分布的随机变量之和所近似服从的正态分布，它的两个参数也正是该随机变量之和的数学期望与方差.

(iii) 大数定律和中心极限定理承担着"继往开来"的使命.它们不但"继承"了数学期望与方差的作用，而且也打开了数理统计"探索之旅"的大门.因为辛钦大数定律告诉我们，当 n 充分大时，独立同分布的随机变量 $X_1,X_2,\cdots,X_n$ 的算术平均值 $\overline{X}=\frac{1}{n}\sum_{i=1}^{n}X_i$，很可能接近于它们各自的数学期望 $E(X_i)(i=1,2,\cdots,n)$，所以才通过"$EX=\overline{X}$"来求矩估计量.而中心极限定理的"推波助澜"，使得区间估计和假设检验的"矛头"往往都对准正态总体.在数理统计中所做的一些选择并非"从天而降"，或许能在这里找到端倪.

前面的路，虽似曾相识，但也充满了别样的风景.

实战演练

一、选择题

1. 将一枚硬币重复掷 n 次，以 X 和 Y 分别表示正面向上和反面向上的次数，则 X 和 Y 的相关系数为(　　)

(A) -1.　　(B) 0.　　(C) $\frac{1}{2}$.　　(D) 1.

二、填空题

2. 设随机变量 X 服从参数为 1 的泊松分布，则 $P\{X=E(X^2)\}=$________.

3. 设随机变量 X 在区间$[0,2]$上服从均匀分布，则 $E(X+e^{-2X})=$________.

4. 某人向同一目标独立重复射击，每次命中目标的概率为 0.5，直到第 2 次命中目标时停止射击.记 X 为射击次数，则 $EX=$________.

5. 设随机变量 X 和 Y 相互独立，且都服从正态分布 $N\left(0,\frac{1}{2}\right)$，则 $D(|X-Y|)=$________.

6. 设随机变量 X 和 Y 的相关系数为 0.9，若 $Z=X-0.4$，则 Y 与 Z 的相关系数为________.

三、解答题

7. 设二维随机变量(X,Y)的概率分布为

X \ Y	0	1	2
0	$\frac{1}{4}$	0	$\frac{1}{4}$
1	0	$\frac{1}{3}$	0
2	$\frac{1}{12}$	0	$\frac{1}{12}$

(1) 求 $P\{X=2Y\}$;

(2) 求 $\mathrm{Cov}(X-Y,Y)$.

8. 设随机变量 X 与 Y 相互独立,且都服从参数为 1 的指数分布. 记 $U=\max\{X,Y\}$, $V=\min\{X,Y\}$.

(1) 求 V 的概率密度 $f_V(v)$;

(2) 求 $E(U+V)$.

9. 设 A,B 为两个随机事件,令随机变量

$$X=\begin{cases}1, & A\text{ 发生},\\ 0, & A\text{ 不发生},\end{cases}\qquad Y=\begin{cases}1, & B\text{ 发生},\\ 0, & B\text{ 不发生}.\end{cases}$$

(1) 证明随机变量 X 与 Y 相互独立的充分必要条件是 A 与 B 相互独立;

(2) 证明随机变量 X 与 Y 不相关的充分必要条件是 A 与 B 相互独立.

10. 设供电站供应某地区 1 000 户居民用电,各户用电情况相互独立. 已知每户每天的用电量(单位:千瓦·时)在区间[0,20]上服从均匀分布. 现要以 0.99 的概率满足该地区居民供应电量的需求,问供电站每天需向该地区供应多少千瓦·时电? ($\Phi(2.33)=0.99$,其中 $\Phi(x)$是标准正态分布函数.)

第五章　数理统计

问题 1　抽样分布问题
问题 2　求统计量的数字特征
问题 3　求矩估计与最大似然估计
问题 4　区间估计与假设检验

第五章　数理统计

抛砖引玉

【引例】小明所就读的高校每届有 1 000 名学生学习概率论与数理统计课程，而每名学生未能通过该课程的概率为 $p(0<p<1)$. 如果用 X 来表示每届不通过概率论与数理统计课程的学生人数，那么 X 就服从二项分布 $B(1\,000,p)$（当然根据中心极限定理，X 也近似服从正态分布 $N(1\,000p,1\,000p(1-p))$），并且其分布律为

$$P\{X=k\}=C_{1\,000}^{k}p^{k}(1-p)^{1\,000-k},\quad k=0,1,\cdots,1\,000.$$

为了了解该校学生概率论与数理统计课程的学习情况，需要估计出未知参数 p 的值. 于是从开设该课程的 30 年中，随机地抽取 1998 级、2005 级和 2019 级这 3 届学生，并用 X_1，X_2 和 X_3 分别表示不通过该课程的人数. 而经过统计，1998 级、2005 级和 2019 级学生中不通过该课程的人数分别为

$$x_1=100,\quad x_2=120,\quad x_3=90.$$

在数理统计学中，这样的 X 称为**总体**，X_1,X_2,X_3 称为来自总体 X 的**样本**，它们是相互独立且与 X 同分布的随机变量，并且 x_1,x_2,x_3 称为**样本值**. 此外，还可以计算出 x_1,x_2，x_3 的算术平均值

$$\bar{x}=\frac{1}{3}(x_1+x_2+x_3)=\frac{1}{3}(100+120+90)\approx 103.3,$$

而 $\overline{X}=\frac{1}{3}(X_1+X_2+X_3)$是样本 X_1,X_2,X_3 的函数，称为**统计量**.

那么，如何利用样本值 x_1,x_2,x_3 来估计参数 p 的值呢？

【分析与解答】法一：根据辛钦大数定律，$\overline{X}$ 依概率收敛于 EX. 于是可由

$$EX=\bar{x},$$

即 $1\,000p=103.3$，得到 p 的估计值 $\hat{p}=0.103$，这称为 p 的**矩估计值**.

法二：构造以 p 为自变量的函数

$$L(p)=P\{X_1=x_1,X_2=x_2,X_3=x_3\}.$$

由于 X_1,X_2,X_3 相互独立且与 X 具有相同的分布律，故

$$\begin{aligned}L(p)&=P\{X_1=x_1\}P\{X_2=x_2\}P\{X_3=x_3\}\\&=[C_{1\,000}^{100}p^{100}(1-p)^{1\,000-100}][C_{1\,000}^{120}p^{120}(1-p)^{1\,000-120}][C_{1\,000}^{90}p^{90}(1-p)^{1\,000-90}]\\&=C_{1\,000}^{100}C_{1\,000}^{120}C_{1\,000}^{90}p^{310}(1-p)^{2\,690},\end{aligned}$$

这称为**似然函数**.

因为事件$\{X_1=x_1,X_2=x_2,X_3=x_3\}$已经发生了，所以 $L(p)$越大，相应的 p 值就越接近总体. 于是可将 $L(p)$取得最大值时的 p 值作为它的估计值.

要求 $L(p)$的最大值点，那么就要求它的导数. 为了使得求导更方便，不妨对 $L(p)$取对

数，得

$$\ln L(p)=\ln(C_{1\,000}^{100}C_{1\,000}^{120}C_{1\,000}^{90})+310\ln p+2\,690\ln(1-p),$$

并且由函数 $f(x)=\ln x$ 单调递增可知，$\ln L(p)$ 与 $L(p)$ 有着相同的最大值点. 由于

$$\frac{\mathrm{d}[\ln L(p)]}{\mathrm{d}p}=\frac{310}{p}-\frac{2\,690}{1-p}=\frac{310-3\,000p}{p(1-p)},$$

故由 $\frac{\mathrm{d}[\ln L(p)]}{\mathrm{d}p}=0$ 可得 p 的估计值 $\hat{p}\approx 0.103$，这称为 p 的**最大似然估计值**.

数理统计的核心内容就是利用样本值来估计或检验总体中的未知参数，而矩估计值和最大似然估计值是针对未知参数的两种重要估计值.

问题 1　抽样分布问题

知识储备

1. 数理统计的基本概念

(1) 总　体

数理统计中所研究对象的某项数量指标 X 的全体称为总体.

(2) 样　本

若随机变量 $X_1,X_2,\cdots,X_n$ 相互独立且与总体 X 同分布，则称 $X_1,X_2,\cdots,X_n$ 为来自总体 X 的简单随机样本，简称样本. n 称为样本容量.

(3) 样本值

样本 $X_1,X_2,\cdots,X_n$ 的具体观察值 $x_1,x_2,\cdots,x_n$ 称为样本值.

(4) 统计量

样本 $X_1,X_2,\cdots,X_n$ 的不含未知参数的函数 $g(X_1,X_2,\cdots,X_n)$ 称为统计量.

(5) 抽样分布

统计量的分布称为抽样分布.

【注】

(i) 上述五个概念看似陌生，却也无比熟悉. 其实，“总体”可看作一个随机变量；“样本”就是相互独立，且与被称作总体的某个随机变量同分布的多个随机变量；“样本值”就是被称作样本的多个随机变量的取值；“统计量”就是被称作样本的多个随机变量的函数. 而**作为随机变量的函数，统计量当然也是一个随机变量，如果它是离散型随机变量，那么就具有分布律；如果它是连续型随机变量，那么就具有概率密度，并且它一定具有分布函数，这就是探讨“抽样分布”的意义所在.**

(ii) 设 $X_1,X_2,\cdots,X_n$ 为来自总体 X 的样本，将其样本值 $x_1,x_2,\cdots,x_n$ 按从小到大的次序排列为 $x_{(1)},x_{(2)},\cdots,x_{(n)}$，则称

$$F_n(x)=\begin{cases}0, & x<x_{(1)},\\ \dfrac{k}{n}, & x_{(k)}\leqslant x<x_{(k+1)},k=1,2,\cdots,n-1,\\ 1, & x\geqslant x_{(n)}\end{cases}$$

为经验分布函数，而当 n 充分大时，$F_n(x)$ 与总体 X 的分布函数 $F(x)$ 之间只有微小的差别. 比如，总体 X 具有一个以 $x_{(1)}=10,x_{(2)}=11,x_{(3)}=11,x_{(4)}=12$ 为样本值的样本，则经验分布函数为

$$F_4(x)=\begin{cases}0, & x<x_{(1)},\\ \dfrac{1}{4}, & x_{(1)}\leqslant x<x_{(2)},\\ \dfrac{3}{4}, & x_{(3)}\leqslant x<x_{(4)},\\ 1, & x\geqslant x_{(4)}\end{cases}=\begin{cases}0, & x<10,\\ \dfrac{1}{4}, & 10\leqslant x<11,\\ \dfrac{3}{4}, & 11\leqslant x<12,\\ 1, & x\geqslant 12.\end{cases}$$

2. 常用统计量

(1) 样本均值

$$\overline{X}=\frac{1}{n}\sum_{i=1}^{n}X_i.$$

(2) 样本方差

$$S^2=\frac{1}{n-1}\sum_{i=1}^{n}(X-\overline{X})^2.$$

(3) 样本标准差

$$S=\sqrt{S^2}.$$

(4) 样本 k 阶(原点)矩

$$A_k=\frac{1}{n}\sum_{i=1}^{n}X_i^k\quad(k=1,2,\cdots).$$

(5) 样本 k 阶中心矩

$$B_k=\frac{1}{n}\sum_{i=1}^{n}(X_i-\overline{X})^k\quad(k=2,3,\cdots).$$

【注】 若 $x_1,x_2,\cdots,x_n$ 是样本 $X_1,X_2,\cdots,X_n$ 的样本值，则数值 $g(x_1,x_2,\cdots,x_n)$ 就是统计量 $g(X_1,X_2,\cdots,X_n)$ 的观察值. 因此，如果将上述(1)～(5)中的大写 X 都改为小写 x，那么就是上述统计量的观察值，而这些观察值仍然分别称为样本均值、样本方差、样本标准差、样本 k 阶(原点)矩和样本 k 阶中心矩.

3. 常用抽样分布

(1) χ^2 分布

设随机变量 $X_1,X_2,\cdots,X_n$ 相互独立且均服从标准正态分布 $N(0,1)$，则称随机变量

$$\chi^2 = X_1^2 + X_2^2 + \cdots + X_n^2$$

服从自由度为 n 的 χ^2 分布，记作 $\chi^2 \sim \chi^2(n)$.

【注】

(i) 参看服从 $\chi^2(n)$ 分布的随机变量 χ^2 的概率密度图形(图 5－1)，若点 $\chi_\alpha^2(n)$ 满足

$$P\{\chi^2 > \chi_\alpha^2(n)\} = \alpha,$$

则称 $\chi_\alpha^2(n)$ 为 $\chi^2(n)$ 分布的上 α 分位点.

类似地，参看服从标准正态分布 $N(0,1)$ 的随机变量 X 的概率密度图形(图 5－2)，若点 z_α 满足

$$P\{X > z_\alpha\} = \alpha,$$

则称 z_α 为 $N(0,1)$ 分布的上 α 分位点. 由于 X 的概率密度图形关于 y 轴对称，故 $z_{1-\alpha} = -z_\alpha$.

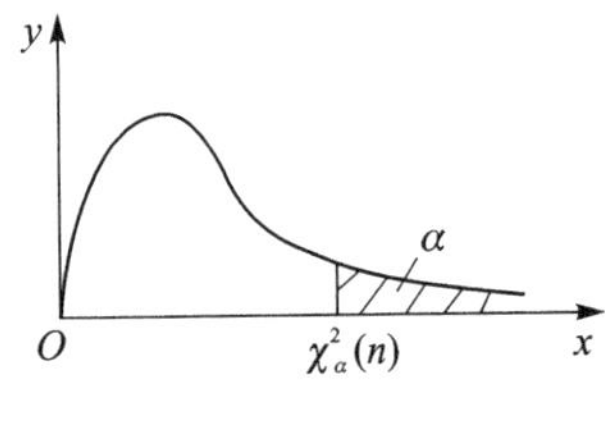

图 5－1

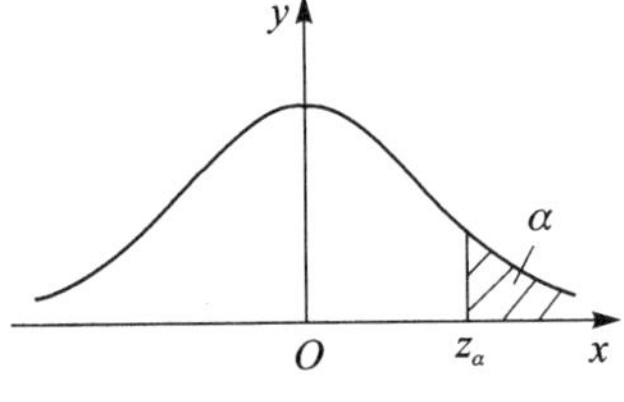

图 5－2

(ii) 若 $X \sim \chi^2(n_1)$，$Y \sim \chi^2(n_2)$，且 X，Y 独立，则 $X+Y \sim \chi^2(n_1+n_2)$.

(iii) 若 $\chi^2 \sim \chi^2(n)$，则 $E(\chi^2)=n$，$D(\chi^2)=2n$.

(2) t 分布

设随机变量 X，Y 相互独立，且 $X \sim N(0,1)$，$Y \sim \chi^2(n)$，则称随机变量

$$t = \frac{X}{\sqrt{Y/n}}$$

服从自由度为 n 的 t 分布，记作 $t \sim t(n)$.

【注】 参看服从 $t(n)$ 分布的随机变量 t 的概率密度图形(图 5－3)，若点 $t_\alpha(n)$ 满足

$$P\{t > t_\alpha(n)\} = \alpha,$$

则称 $t_\alpha(n)$ 为 $t(n)$ 分布的上 α 分位点. 类似于标准正态分布，由于 t 的概率密度图形关于 y 轴对称，故 $t_{1-\alpha}(n) = -t_\alpha(n)$.

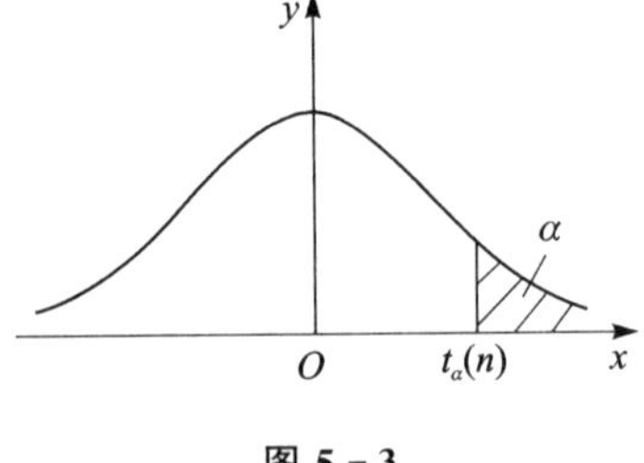

图 5－3

(3) F 分布

设随机变量 U，V 相互独立，且 $U \sim \chi^2(n_1)$，$V \sim \chi^2(n_2)$，则称随机变量

$$F = \frac{U/n_1}{V/n_2}$$

服从自由度为 (n_1,n_2) 的 F 分布，记作 $F \sim F(n_1,n_2)$.

【注】

(i) 若 $F\sim F(n_1,n_2)$，则 $\frac{1}{F}\sim F(n_2,n_1)$.

(ii) 若 $t\sim t(n)$，则 $t^2\sim F(1,n)$.

4. 正态总体的样本均值与样本方差的分布

设 $X_1,X_2,\cdots,X_n$ 是来自总体 $N(\mu,\sigma^2)$ 的样本，$\overline{X},S^2$ 分别为样本均值和样本方差，则

① $\overline{X}\sim N(\mu,\sigma^2/n)$；

② $\frac{(n-1)S^2}{\sigma^2}\sim\chi^2(n-1)$，且 $\overline{X}$ 与 S^2 相互独立；

③ $\frac{\overline{X}-\mu}{S/\sqrt{n}}\sim t(n-1)$.

【证①】 由于 $X_1,X_2,\cdots,X_n$ 相互独立，且均服从 $N(\mu,\sigma^2)$，故

$$E(\overline{X})=E\left[\frac{1}{n}(X_1+X_2+\cdots+X_n)\right]$$

$$=\frac{1}{n}[E(X_1)+E(X_2)+\cdots+E(X_n)]=\frac{1}{n}n\mu=\mu,$$

$$D(\overline{X})=D\left[\frac{1}{n}(X_1+X_2+\cdots+X_n)\right]=\frac{1}{n^2}[D(X_1)+D(X_2)+\cdots+D(X_n)]$$

$$=\frac{1}{n^2}n\sigma^2=\frac{\sigma^2}{n},$$

从而由式(4－2)可知 $\overline{X}\sim N(\mu,\sigma^2/n)$.

【证③】 令 $U=\frac{\overline{X}-\mu}{\sigma/\sqrt{n}},V=\frac{(n-1)S^2}{\sigma^2}$，则由①和②可知 $U\sim N(0,1),V\sim\chi^2(n-1)$，且 U,V 相互独立，故

$$t=\frac{U}{\sqrt{V/(n-1)}}=\frac{\frac{\overline{X}-\mu}{\sigma/\sqrt{n}}}{\sqrt{\frac{(n-1)S^2}{\sigma^2}\Big/(n-1)}}=\frac{\overline{X}-\mu}{S/\sqrt{n}}\sim t(n-1).$$

问题研究

题眼探索 如果说在概率论的“探索之旅”中，“主人公”是随机事件和随机变量，那么在数理统计的“探索之旅”中，“主人公”就是统计量. 下面先探讨统计量(问题1和问题2)，再利用它来进行参数估计和假设检验(问题3和问题4).

统计量是来自总体 X 的样本 $X_1,X_2,\cdots,X_n$ 的函数 $g(X_1,X_2,\cdots,X_n)$. 既然样本 $X_1,X_2,\cdots,X_n$ 是相互独立,且与总体 X 同分布的随机变量,那么统计量 $g(X_1,X_2,\cdots,X_n)$ 也是一个随机变量. 在第二章至第四章中,关于随机变量主要探讨三个话题:分布、概率和数字特征. 那么,对于统计量的探讨也是围绕着这三个话题而展开的.

统计量的分布又称为抽样分布. 抽样分布问题不似一般随机变量的分布问题那样复杂,只需要会判断三个常用抽样分布——χ^2 分布、t 分布和 F 分布即可. 而不少解题者视这三个分布为"洪水猛兽",其实只是对它们不够熟悉而已. 让我们通过例 1 至例 3 来"亲近"它们.

1. 判断统计量的分布

(1) χ^2 分布的判断

【例 1】

(1) 设 X_1,X_2,X_3,X_4 为来自总体 $N(0,1)$ 的样本,记 $Y_1=X_1+X_2,Y_2=X_3-X_4$,则 $\dfrac{Y_1^2+Y_2^2}{2}$ 的分布为( )

(A) $\chi^2(1)$. (B) $\chi^2(2)$. (C) $F(1,1)$. (D) $F(2,2)$.

(2) 设 $X_1,X_2,\cdots,X_n(n\geqslant 2)$ 是来自正态总体 $N(\mu,\sigma^2)(\sigma>0)$ 的样本,$\overline{X}$ 为样本均值,则下列结论中错误的是( )

(A) $\dfrac{1}{2\sigma^2}(X_n-X_1)^2\sim\chi^2(1)$. (B) $\dfrac{n}{\sigma^2}(\overline{X}-\mu)^2\sim\chi^2(1)$.

(C) $\dfrac{1}{\sigma^2}\sum\limits_{i=1}^{n}(X_i-\mu)^2\sim\chi^2(n)$. (D) $\dfrac{1}{\sigma^2}\sum\limits_{i=1}^{n}(X_i-\overline{X})^2\sim\chi^2(n)$.

【解】

(1) 由于 X_1,X_2,X_3,X_4 独立,且均服从 $N(0,1)$,故由式(4-2)可知

$$Y_1\sim N(0,2),\quad Y_2\sim N(0,2),$$

从而

$$\frac{Y_1}{\sqrt{2}}\sim N(0,1),\quad \frac{Y_2}{\sqrt{2}}\sim N(0,1).$$

又由于 $\dfrac{Y_1}{\sqrt{2}},\dfrac{Y_2}{\sqrt{2}}$ 独立,故

$$\frac{Y_1^2+Y_2^2}{2}=\left(\frac{Y_1}{\sqrt{2}}\right)^2+\left(\frac{Y_2}{\sqrt{2}}\right)^2\sim\chi^2(2),$$

选(B).

(2) 对于选项(A),由于 X_n,X_1 均服从 $N(\mu,\sigma^2)$,故由式(4-2)可知

$$X_n-X_1\sim N(0,2\sigma^2),$$

从而 $\dfrac{X_n-X_1}{\sqrt{2}\sigma}\sim N(0,1)$,即 $\dfrac{1}{2\sigma^2}(X_n-X_1)^2\sim\chi^2(1)$,选项(A)正确.

对于选项(B)，由于 $\overline{X}\sim N(\mu,\sigma^2/n)$，故 $\frac{\overline{X}-\mu}{\sigma/\sqrt{n}}\sim N(0,1)$，从而

$$\frac{n}{\sigma^2}(\overline{X}-\mu)^2=\left(\frac{\overline{X}-\mu}{\sigma/\sqrt{n}}\right)^2\sim\chi^2(1),$$

选项(B)正确.

对于选项(C)，由于 $X_i\sim N(\mu,\sigma^2)(i=1,2,\cdots,n)$，故 $\frac{X_i-\mu}{\sigma}\sim N(0,1)$，从而

$$\frac{1}{\sigma^2}\sum_{i=1}^{n}(X_i-\mu)^2=\sum_{i=1}^{n}\left(\frac{X_i-\mu}{\sigma}\right)^2=\left(\frac{X_1-\mu}{\sigma}\right)^2+\left(\frac{X_2-\mu}{\sigma}\right)^2+\cdots+\left(\frac{X_n-\mu}{\sigma}\right)^2\sim\chi^2(n),$$

选项(C)正确.

对于选项(D)，由于

$$\frac{1}{\sigma^2}\sum_{i=1}^{n}(X_i-\overline{X})^2=\frac{n-1}{\sigma^2}\cdot\frac{1}{n-1}\sum_{i=1}^{n}(X_i-\overline{X})^2=\frac{(n-1)S^2}{\sigma^2}\sim\chi^2(n-1),$$

故选项(D)错误，从而选(D).

(2) t 分布的判断

【例 2】

(1) 设 $X_1,X_2,\cdots,X_6$ 是来自总体 $N(0,\sigma^2)(\sigma>0)$ 的样本，则统计量 $Y=\frac{X_1+X_2+X_3}{\sqrt{X_4^2+X_5^2+X_6^2}}$ 的分布为(　　)

(A) $\chi^2(3)$.　　(B) $\chi^2(6)$.　　(C) $t(3)$.　　(D) $t(6)$.

(2) (2012年考研题)设 X_1,X_2,X_3,X_4 为来自总体 $N(1,\sigma^2)(\sigma>0)$ 的简单随机样本，则统计量 $\frac{X_1-X_2}{|X_3+X_4-2|}$ 的分布为(　　)

(A) $N(0,1)$.　　(B) $t(1)$.　　(C) $\chi^2(1)$.　　(D) $F(1,1)$.

【分析】

(1) 本例(1)的统计量分母含有根号，而在三个常用抽样分布中，只有 t 分布的定义式

$$t=\frac{X}{\sqrt{Y/n}}$$

的分母含有根号. 那么，统计量 Y 是否服从 t 分布呢？

由于 X_1,X_2,X_3 独立，且均服从 $N(0,\sigma^2)$，故由式(4-2)可知

$$X_1+X_2+X_3\sim N(0,3\sigma^2),$$

从而得到了一个服从标准正态分布的随机变量

$$U=\frac{X_1+X_2+X_3}{\sqrt{3}\sigma}.$$

又由于 X_4,X_5,X_6 均服从 $N(0,\sigma^2)$，故 $\frac{X_4}{\sigma},\frac{X_5}{\sigma},\frac{X_6}{\sigma}$ 均服从标准正态分布，从而又能得到一个服从 $\chi^2(3)$ 分布的随机变量

$$V=\left(\frac{X_4}{\sigma}\right)^2+\left(\frac{X_5}{\sigma}\right)^2+\left(\frac{X_6}{\sigma}\right)^2.$$

一旦得到了相互独立的随机变量 U 和 V,那么 t 分布的"真面目"也就暴露了出来:

$$\frac{U}{\sqrt{V/3}}=\frac{\dfrac{X_1+X_2+X_3}{\sqrt{3}\sigma}}{\sqrt{\left[\left(\dfrac{X_4}{\sigma}\right)^2+\left(\dfrac{X_5}{\sigma}\right)^2+\left(\dfrac{X_6}{\sigma}\right)^2\right]\Big/3}}=\frac{X_1+X_2+X_3}{\sqrt{X_4^2+X_5^2+X_6^2}}=Y\sim t(3),$$

故选(C).

(2) 本例(2)的统计量分母含有绝对值,而由

$$\frac{X_1-X_2}{|X_3+X_4-2|}=\frac{X_1-X_2}{\sqrt{(X_3+X_4-2)^2}}$$

可知它的"真面目"很有可能也是服从 t 分布的统计量. 于是,不妨如本例(1)那般,去寻找标准正态随机变量 U 和服从 χ^2 分布的随机变量 V.

由 X_1,X_2 独立且均服从 $N(1,\sigma^2)$ 可知 $X_1-X_2\sim N(0,2\sigma^2)$,故

$$U=\frac{X_1-X_2}{\sqrt{2}\sigma}\sim N(0,1).$$

又由 X_3,X_4 独立且均服从 $N(1,\sigma^2)$ 可知 $X_3+X_4\sim N(2,2\sigma^2)$,故 $\dfrac{X_3+X_4-2}{\sqrt{2}\sigma}\sim N(0,1)$,从而

$$V=\left(\frac{X_3+X_4-2}{\sqrt{2}\sigma}\right)^2\sim\chi^2(1).$$

因为 U 和 V 独立,所以

$$\frac{U}{\sqrt{V/1}}=\frac{\dfrac{X_1-X_2}{\sqrt{2}\sigma}}{\sqrt{\left(\dfrac{X_3+X_4-2}{\sqrt{2}\sigma}\right)^2\Big/1}}=\frac{X_1-X_2}{\sqrt{(X_3+X_4-2)^2}}=\frac{X_1-X_2}{|X_3+X_4-2|}\sim t(1),$$

选(B).

(3) F 分布的判断

【例 3】

(1) (2003 年考研题)设随机变量 $X\sim t(n)(n>1)$,$Y=\dfrac{1}{X^2}$,则(　　)

(A) $Y\sim\chi^2(n)$.　　(B) $Y\sim\chi^2(n-1)$.

(C) $Y\sim F(n,1)$.　　(D) $Y\sim F(1,n)$.

(2) 设 $X_1,X_2,\cdots,X_n(n\geqslant 2)$ 是来自总体 $N(0,1)$ 的样本,$\overline{X}$ 为样本均值,S^2 为样本方差,则(　　)

(A) $\dfrac{n\overline{X}^2}{S^2}\sim F(1,n-1)$.　　(B) $\dfrac{n\overline{X}^2}{S^2}\sim F(n-1,1)$.

(C) $\dfrac{(n-1)X_1^2}{\sum\limits_{i=2}^{n}X_i^2}\sim F(1,n)$.　　(D) $\dfrac{(n-1)X_1^2}{\sum\limits_{i=2}^{n}X_i^2}\sim F(n,1)$.

【解】

(1) 由于 $X\sim t(n)$，故设 $X=\dfrac{U}{\sqrt{V/n}}$，其中 U,V 独立，且 $U\sim N(0,1)$，$V\sim\chi^2(n)$. 于是，

$$Y=\frac{1}{X^2}=\frac{V/n}{U^2/1}\sim F(n,1),$$

选(C).

(2) 对于选项(A)和(B)，由于 $\overline{X}\sim N(0,1/n)$，故$\sqrt{n}\,\overline{X}=\dfrac{\overline{X}}{1/\sqrt{n}}\sim N(0,1)$，从而

$$n\overline{X}^2\sim\chi^2(1).$$

又由于$(n-1)S^2\sim\chi^2(n-1)$，且 $\overline{X}$ 与 S^2 独立，故

$$\frac{n\overline{X}^2}{S^2}=\frac{n\overline{X}^2/1}{(n-1)S^2/(n-1)}\sim F(1,n-1),$$

即选(A).

而对于选项(C)和(D)，由于 $X_1^2\sim\chi^2(1)$，$\sum\limits_{i=2}^{n}X_i^2=X_2^2+X_3^2+\cdots+X_n^2\sim\chi^2(n-1)$，且 X_1^2 与 $\sum\limits_{i=2}^{n}X_i^2$ 独立，故

$$\frac{(n-1)X_1^2}{\sum\limits_{i=2}^{n}X_i^2}=\frac{X_1^2/1}{\sum\limits_{i=2}^{n}X_i^2\Big/(n-1)}\sim F(1,n-1),$$

即选项(C)和(D)都不正确.

【题外话】

(i) **若 $X\sim t(n)$，则 $X^2\sim F(1,n)$. 此外，若 $Y\sim F(n_1,n_2)$，则 $\dfrac{1}{Y}\sim F(n_2,n_1)$.** 利用这两个结论，本例(1)便能直接得到正确的选项(C). 而本例(2)由$\dfrac{\overline{X}}{S/\sqrt{n}}\sim t(n-1)$也能得到

$$\frac{n\overline{X}^2}{S^2}=\left(\frac{\overline{X}}{S/\sqrt{n}}\right)^2\sim F(1,n-1).$$

(ii) 纵观例 1～例 3，**在判断统计量的分布时，应牢牢把握 χ^2 分布、t 分布和 F 分布的定义式，而有时也会利用正态总体的样本均值 $\overline{X}$ 和样本方差 S^2 的分布**(如例 1(2)的选项(B)和选项(D)，以及例 3(2)的选项(A)和选项(B)).

2. 统计量的概率问题

【例 4】 设 $X_1,X_2,\cdots,X_n$ 是来自正态总体 $N(10,4^2)$的简单随机样本，$\overline{X}$ 为样本均值. 已知 $P\{\overline{X}>8\}=0.84$，则样本容量 $n=$________. ($\Phi(1)=0.84$，其中 $\Phi(x)$是标准正态分布函数)

【解】由于 $\overline{X}\sim N\left(10,\left(\frac{4}{\sqrt{n}}\right)^2\right)$，故

$$P\{\overline{X}>8\}=1-P\{\overline{X}\leqslant 8\}=1-P\left\{\frac{\overline{X}-10}{4/\sqrt{n}}\leqslant\frac{8-10}{4/\sqrt{n}}\right\}=1-\Phi\left(-\frac{\sqrt{n}}{2}\right)=\Phi\left(\frac{\sqrt{n}}{2}\right).$$

由 $P\{\overline{X}>8\}=0.84$ 可知 $\Phi\left(\frac{\sqrt{n}}{2}\right)=\Phi(1)$，即 $\frac{\sqrt{n}}{2}=1$，解得 $n=4$.

【例 5】（2013 年考研题）设随机变量 $X\sim t(n)$，$Y\sim F(1,n)$，给定 $\alpha(0<\alpha<0.5)$，常数 c 满足 $P\{X>c\}=\alpha$，则 $P\{Y>c^2\}=($　　$)$

(A) α.　　(B) $1-\alpha$.　　(C) 2α.　　(D) $1-2\alpha$.

【分析】本例已知 X 的概率，要求的却是 Y 的概率. 那么，Y 和 X 之间究竟满足什么关系呢？答案就“隐藏”在 $X\sim t(n)$ 和 $Y\sim F(1,n)$ 这两个条件中，它告诉我们 $Y=X^2$.

既然如此，那么

$$P\{Y>c^2\}=P\{X^2>c^2\}=P\{X>c\}+\{X<-c\}.$$

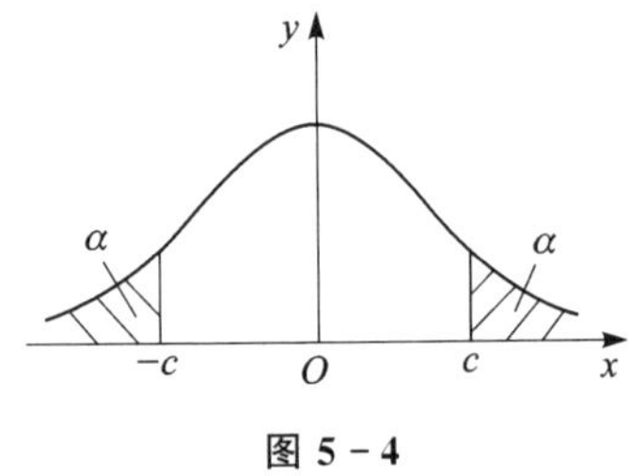

图 5-4

由于 X 的概率密度图形（如图 5-4 所示）关于 y 轴对称，故 $\{X<-c\}=P\{X>c\}=\alpha$，从而 $P\{Y>c^2\}=2\alpha$，选(C).

【题外话】解决统计量概率问题的基本策略是利用该统计量的分布. 比如，例 4 根据 $\overline{X}\sim N\left(10,\left(\frac{4}{\sqrt{n}}\right)^2\right)$ 把问题转化为了一维正态随机变量的概率问题；本例根据 t 分布概率密度图形的对称性，把所求概率转化为了已知的概率.

由此可见，统计量的分布问题是概率问题的基础，而概率问题则是分布问题的延续. 除了分布和概率，关于统计量还有一个更为棘手的问题——求统计量的数字特征. 它与求一般随机变量的数字特征既有联系又有区别，下面将进行深入的探讨.

问题 2　求统计量的数字特征

知识储备

样本均值与样本方差的数字特征

设 $X_1,X_2,\cdots,X_n$ 是来自总体 X 的样本，$\overline{X}$ 和 S^2 分别为样本均值和样本方差，则

① $E(\overline{X})=EX$；

② $D(\overline{X})=\frac{1}{n}DX$；

③ $E(S^2)=DX$.

【证③】$S^2=\frac{1}{n-1}\sum_{i=1}^{n}(X_i-\overline{X})^2=\frac{1}{n-1}\sum_{i=1}^{n}(X_i^2-2\overline{X}X_i+\overline{X}^2)$

$$=\frac{1}{n-1}\left(\sum_{i=1}^{n}X_i^2-2\overline{X}\sum_{i=1}^{n}X_i+n\overline{X}^2\right)=\frac{1}{n-1}\left(\sum_{i=1}^{n}X_i^2-2\overline{X}\cdot n\overline{X}+n\overline{X}^2\right)$$

$$=\frac{1}{n-1}(\sum_{i=1}^{n}X_i^2-n\overline{X}^2).$$

$$E(S^2)=\frac{1}{n-1}E(\sum_{i=1}^{n}X_i^2)-\frac{n}{n-1}E(\overline{X}^2)=\frac{n}{n-1}E(X_i^2)-\frac{n}{n-1}E(\overline{X}^2)$$

$$=\frac{n}{n-1}\{D(X_i)+[E(X_i)]^2\}-\frac{n}{n-1}\{D(\overline{X})+[E(\overline{X})]^2\}$$

$$=\frac{n}{n-1}[DX+(EX)^2]-\frac{n}{n-1}\left[\frac{1}{n}DX+(EX)^2\right]=DX.$$

问题研究

1. 转化为总体的数字特征

【例 6】 设总体 X 的概率密度为

$$f(x)=\begin{cases}2x, & 0<x<1,\\ 0, & 其他,\end{cases}$$

$X_1,X_2,\cdots,X_n$ 为来自总体 X 的样本,则 $E(\sum_{i=1}^{n}X_i^2)=$________.

【分析】 根据数学期望的性质,

$$E(\sum_{i=1}^{n}X_i^2)=E(X_1^2+X_2^2+\cdots+X_n^2)=E(X_1^2)+E(X_2^2)+\cdots+E(X_n^2).$$

由于样本 $X_1,X_2,\cdots,X_n$ 是与总体 X 同分布的随机变量,这意味着 $X_1,X_2,\cdots,X_n$ 都与 X 具有完全相同的概率密度,故

$$E(X_1^2)=E(X_2^2)=\cdots=E(X_n^2)=E(X^2).$$

于是,本例就转化为了求关于总体 X 的数学期望 $E(X^2)$:

$$E(\sum_{i=1}^{n}X_i^2)=nE(X^2)=n\int_0^1 x^2\cdot 2x\,\mathrm{d}x=\frac{n}{2}.$$

【例 7】 设 $X_1,X_2,\cdots,X_n(n\geqslant 2)$是来自正态总体 $N(\mu,1)$的简单随机样本,$\overline{X}$ 为样本均值,则 $\mathrm{Cov}(X_n,\overline{X})=$________.

【分析】 本例该从何处入手呢?值得注意的是,如果随机变量 X,Y 独立,那么就有

$$\mathrm{Cov}(X,Y)=E(XY)-EX\cdot EY=0.$$

虽然本例中随机变量 X_n 和 $\overline{X}$ 不独立,但是样本 $X_1,X_2,\cdots,X_n$ 却是相互独立的随机变量.

于是不妨利用协方差的性质④,"赶走"$\overline{X}$ 中的 X_n 这只"害群之马":

$$\mathrm{Cov}(X_n,\overline{X})=\mathrm{Cov}\left(X_n,\frac{1}{n}\sum_{i=1}^{n}X_i\right)=\mathrm{Cov}\left(X_n,\frac{1}{n}X_n\right)+\mathrm{Cov}\left(X_n,\frac{1}{n}\sum_{i=1}^{n-1}X_i\right).$$

再利用协方差的性质③,则

$$\mathrm{Cov}\left(X_n,\frac{1}{n}X_n\right)=\frac{1}{n}\mathrm{Cov}(X_n,X_n),$$

$$\mathrm{Cov}\left(X_n,\frac{1}{n}\sum_{i=1}^{n-1}X_i\right)=\frac{1}{n}\mathrm{Cov}(X_n,\sum_{i=1}^{n-1}X_i).$$

而由 $X_1,X_2,\cdots,X_n$ 独立则又可知

$$\mathrm{Cov}\left(X_n,\sum_{i=1}^{n-1}X_i\right)=\mathrm{Cov}(X_n,X_1)+\mathrm{Cov}(X_n,X_2)+\cdots+\mathrm{Cov}(X_n,X_{n-1})=0.$$

因为 X_n 是与总体同分布的随机变量,所以

$$\mathrm{Cov}(X_n,\overline{X})=\frac{1}{n}\mathrm{Cov}(X_n,X_n)=\frac{1}{n}D(X_n)=\frac{1}{n}.$$

【题外话】求统计量的数字特征是数理统计"探索之旅"中的一道"难关".一些统计量抽象的形式令人一头雾水,甚至望而却步.其实,**因为样本 $X_1,X_2,\cdots,X_n$ 是相互独立且与总体 X 同分布的随机变量,所以如果 $X_1,X_2,\cdots,X_n$ 是离散型随机变量,那么它们就都与 X 具有相同的分布律;如果 $X_1,X_2,\cdots,X_n$ 是连续型随机变量,那么它们就都与 X 具有相同的概率密度,并且 $X_1,X_2,\cdots,X_n$ 的数学期望和方差一定都与 X 相同**.这意味着可以考虑把统计量的数字特征转化为总体的数字特征来求,而总体的数字特征都可看作所熟悉的一般随机变量的数字特征,就好比例6所转化为的 $E(X^2)$,以及本例所转化为的正态总体 $N(\mu,1)$ 的方差.

2. 利用常用统计量的数学期望与方差

题眼探索　面对一些与常用统计量(包括样本均值 $\overline{X}$、样本方差 S^2 和服从 χ^2 分布的统计量)形式接近的统计量,可以直接利用以下两组结论来求它们的数字特征:

1°设 $X_1,X_2,\cdots,X_n$ 是来自总体 X 的样本,则

$$E(\overline{X})=EX,\quad D(\overline{X})=\frac{1}{n}DX,\quad E(S^2)=DX.$$

2°设统计量 $\chi^2\sim\chi^2(n)$,则

$$E(\chi^2)=n,\quad D(\chi^2)=2n.$$

【例8】　(2004年考研题)设总体 X 服从正态分布 $N(\mu_1,\sigma^2)$,总体 Y 服从正态分布 $N(\mu_2,\sigma^2)$,$X_1,X_2,\cdots,X_{n_1}$ 和 $Y_1,Y_2,\cdots,Y_{n_2}$ 分别是来自总体 X 和 Y 的简单随机样本,则

$$E\left[\frac{\sum_{i=1}^{n_1}(X_i-\overline{X})^2+\sum_{j=1}^{n_2}(Y_j-\overline{Y})^2}{n_1+n_2-2}\right]=\underline{\qquad\qquad}.$$

【分析】本例能利用哪个常用统计量的数字特征呢?从 $\sum_{i=1}^{n_1}(X_i-\overline{X})^2$ 和 $\sum_{j=1}^{n_2}(Y_j-\overline{Y})^2$ 可以看出,统计量

$$\frac{\sum_{i=1}^{n_1}(X_i-\overline{X})^2+\sum_{j=1}^{n_2}(Y_j-\overline{Y})^2}{n_1+n_2-2}$$

与样本方差"沾亲带故".于是,不妨让它向样本方差"靠拢",即有

$$E\left[\frac{\sum_{i=1}^{n_1}(X_i-\overline{X})^2+\sum_{j=1}^{n_2}(Y_j-\overline{Y})^2}{n_1+n_2-2}\right]$$

$$=E\left[\frac{(n_1-1)\frac{1}{n_1-1}\sum_{i=1}^{n_1}(X_i-\overline{X})^2+(n_2-1)\frac{1}{n_2-1}\sum_{j=1}^{n_2}(Y_j-\overline{Y})^2}{n_1+n_2-2}\right]$$

$$=\frac{n_1-1}{n_1+n_2-2}E\left[\frac{1}{n_1-1}\sum_{i=1}^{n_1}(X_i-\overline{X})^2\right]+\frac{n_2-1}{n_1+n_2-2}E\left[\frac{1}{n_2-1}\sum_{j=1}^{n_2}(Y_j-\overline{Y})^2\right].$$

因为

$$E\left[\frac{1}{n_1-1}\sum_{i=1}^{n_1}(X_i-\overline{X})^2\right]=E\left[\frac{1}{n_2-1}\sum_{j=1}^{n_2}(Y_j-\overline{Y})^2\right]=\sigma^2,$$

故

$$E\left[\frac{\sum_{i=1}^{n_1}(X_i-\overline{X})^2+\sum_{j=1}^{n_2}(Y_j-\overline{Y})^2}{n_1+n_2-2}\right]=\frac{n_1-1}{n_1+n_2-2}\sigma^2+\frac{n_2-1}{n_1+n_2-2}\sigma^2=\sigma^2.$$

【例 9】设 $X_1,X_2,\cdots,X_n$ 是来自总体 $N(0,1)$ 的简单随机样本，$\overline{X}$ 和 S^2 分别为样本均值和样本方差. 记 $T=\overline{X}^2-\frac{1}{n}S^2$，求 ET 和 DT.

【解】 $ET=E(\overline{X}^2)-\frac{1}{n}E(S^2)=D(\overline{X})+[E(\overline{X})]^2-\frac{1}{n}E(S^2)$

$$=\frac{1}{n}+0^2-\frac{1}{n}=0.$$

由 $\overline{X}$ 与 S^2 独立可知

$$DT=D(\overline{X}^2)+\frac{1}{n^2}D(S^2).$$

由于 $\overline{X}\sim N\left(0,\frac{1}{n}\right)$，故 $\sqrt{n}\,\overline{X}=\frac{\overline{X}}{1/\sqrt{n}}\sim N(0,1)$，从而 $n\overline{X}^2\sim\chi^2(1)$，即有

$$D(\overline{X}^2)=D\left(\frac{1}{n}\cdot n\overline{X}^2\right)=\frac{1}{n^2}D(n\overline{X}^2)=\frac{2}{n^2}.$$

又由于 $(n-1)S^2\sim\chi^2(n-1)$，故

$$D(S^2)=D\left[\frac{1}{n-1}\cdot(n-1)S^2\right]=\frac{1}{(n-1)^2}D\left[(n-1)S^2\right]$$

$$=\frac{1}{(n-1)^2}\cdot 2(n-1)=\frac{2}{n-1}.$$

于是，

$$DT=\frac{2}{n^2}+\frac{1}{n^2}\cdot\frac{2}{n-1}=\frac{2}{n(n-1)}.$$

【题外话】

(i) 本例在求 DT 时，分别利用正态总体的样本均值 $\overline{X}$ 和样本方差 S^2 的分布，把 DT 转化为了服从 $\chi^2(1)$ 分布的统计量 $n\overline{X}^2$ 和服从 $\chi^2(n-1)$ 分布的统计量 $(n-1)S^2$ 的方差来求.

(ii) **一般地，若 $X_1,X_2,\cdots,X_n$ 是来自正态总体 $N(\mu,\sigma^2)$ 的样本，则 $D(S^2)=\frac{2\sigma^4}{n-1}$.**

问题3　求矩估计与最大似然估计

知识储备

1. 估计量与估计值的概念

设 $X_1,X_2,\cdots,X_n$ 是来自总体的一个样本，则用于估计未知参数 θ 的统计量

$$\hat{\theta}=\hat{\theta}(X_1,X_2,\cdots,X_n)$$

称为 θ 的估计量，它的观察值

$$\hat{\theta}=\hat{\theta}(x_1,x_2,\cdots,x_n)$$

称为 θ 的估计值，估计量和估计值统称为估计.

2. 估计量的评选标准

(1) 无偏性

设 $\hat{\theta}=\hat{\theta}(X_1,X_2,\cdots,X_n)$是未知参数 θ 的估计量，若

$$E(\hat{\theta})=\theta,$$

则称 $\hat{\theta}$ 是 θ 的无偏估计量.

【注】若总体 X 的方差为σ^2，则对于统计量 $S^2=\frac{1}{n-1}\sum_{i=1}^{n}(X-\overline{X})^2$，由 $E(S^2)=DX=\sigma^2$ 可知 S^2 为 σ^2 的无偏估计量. 这就是将$\frac{1}{n-1}\sum_{i=1}^{n}(X-\overline{X})^2$，而非$\frac{1}{n}\sum_{i=1}^{n}(X-\overline{X})^2$ 定义为样本方差的原因.

(2) 有效性

设 $\hat{\theta}_1=\hat{\theta}_1(X_1,X_2,\cdots,X_n)$和 $\hat{\theta}_2=\hat{\theta}_2(X_1,X_2,\cdots,X_n)$都是未知参数 θ 的无偏估计量，若

$$D(\hat{\theta}_1)\leqslant D(\hat{\theta}_2),$$

则称 $\hat{\theta}_1$ 较 $\hat{\theta}_2$ 有效.

(3) 相合性

设 $\hat{\theta}=\hat{\theta}(X_1,X_2,\cdots,X_n)$是未知参数 θ 的估计量，若任取 $\varepsilon>0$，有

$$\lim_{n\to\infty}P\{|\hat{\theta}-\theta|<\varepsilon\}=1,$$

即 $\hat{\theta}$ 依概率收敛于 θ，则称 $\hat{\theta}$ 是 θ 的相合估计量(或一致估计量).

问题研究

题眼探索　完成了对统计量的探讨，数理统计进入了核心内容——参数估计和假设检验．参数估计分为点估计和区间估计．所谓“点估计”，就是求未知参数的估计量或估计值；所谓“区间估计”，就是求未知参数的置信区间．

点估计主要利用矩估计法和最大似然估计法来进行．设 $X_1, X_2, \cdots, X_n$ 是来自总体 X 的样本，其相应的样本值为 $x_1, x_2, \cdots, x_n$，并且 θ 为未知参数，则**可将由**

$$EX=\bar{x}$$

得到的 θ 值作为 θ 的矩估计值；将使得似然函数 $L(\theta)$ 取得最大值时的 θ 值作为 θ 的最大似然估计值，其中

$$L(\theta)=\prod_{i=1}^{n} P\{X=x_i;\theta\}$$

（X 为离散总体）或

$$L(\theta)=\prod_{i=1}^{n} f(x_i;\theta)$$

（X 为连续总体，并且其概率密度为 $f(x;\theta)$）．

1．离散总体

【例 10】（2002 年考研题）设总体 X 的概率分布为

X	0	1	2	3
P	θ^2	$2\theta(1-\theta)$	θ^2	$1-2\theta$

其中 $\theta\left(0<\theta<\frac{1}{2}\right)$ 是未知参数，利用总体 X 的如下样本值：

$$3,1,3,0,3,1,2,3,$$

求 θ 的矩估计值和最大似然估计值．

【解】 $EX=0\cdot\theta^2+1\cdot 2\theta(1-\theta)+2\cdot\theta^2+3\cdot(1-2\theta)=3-4\theta.$

$$\bar{x}=\frac{1}{8}(3+1+3+0+3+1+2+3)=2.$$

由 $EX=\bar{x}$ 可知 θ 的矩估计值为 $\hat{\theta}=\frac{1}{4}$.

似然函数为 $L(\theta)=\theta^2\cdot[2\theta(1-\theta)]^2\cdot\theta^2\cdot(1-2\theta)^4=4\theta^6(1-\theta)^2(1-2\theta)^4$，则

$$\ln L(\theta)=\ln 4+6\ln\theta+2\ln(1-\theta)+4\ln(1-2\theta),$$

$$\frac{\mathrm{d}[\ln L(\theta)]}{\mathrm{d}\theta}=\frac{6}{\theta}-\frac{2}{1-\theta}-\frac{8}{1-2\theta}=\frac{6-28\theta+24\theta^2}{\theta(1-\theta)(1-2\theta)}.$$

由 $\frac{\mathrm{d}[\ln L(\theta)]}{\mathrm{d}\theta}=0$ 及 $0<\theta<\frac{1}{2}$ 可知 θ 的最大似然估计值为 $\hat{\theta}=\frac{7-\sqrt{13}}{12}$.

【题外话】

(i) **求未知参数 θ 的最大似然估计可遵循如下程序：**

① 写出似然函数 $L(\theta)$，并化简；

② 写出 $\ln L(\theta)$，并化简；

③ 求 $\dfrac{\mathrm{d}[\ln L(\theta)]}{\mathrm{d}\theta}$；

④ 求 $\ln L(\theta)$（即 $L(\theta)$）取得最大值时的 θ 值，从而得到 θ 的最大似然估计.

(ii) 在求最大似然估计时，该如何书写似然函数呢？**对于离散总体，似然函数等于取每个样本值的概率之积；而对于连续总体，似然函数就等于概率密度在每个样本值处的函数值之积.** 就本例而言，因为 X 的取值 0,1,2,3 在 8 个样本值中分别占 1 个、2 个、1 个和 4 个，所以似然函数就为

$$L(\theta)=(\theta^2)^1\cdot[2\theta(1-\theta)]^2\cdot(\theta^2)^1\cdot(1-2\theta)^4.$$

(iii) 同一未知参数的矩估计值和最大似然估计值既可能相同，也可能不同.

2. 连续总体

【例 11】 (2004 年考研题)设随机变量 X 的分布函数为

$$F(x;\alpha,\beta)=\begin{cases}1-\left(\dfrac{\alpha}{x}\right)^{\beta}, & x>\alpha,\\ 0, & x\leqslant\alpha,\end{cases}$$

其中参数 $\alpha>0,\beta>1$. 设 $X_1,X_2,\cdots,X_n$ 为来自总体 X 的简单随机样本.

(1) 当 $\alpha=1$ 时，求未知参数 β 的矩估计量；

(2) 当 $\alpha=1$ 时，求未知参数 β 的最大似然估计量；

(3) 当 $\beta=2$ 时，求未知参数 α 的最大似然估计量.

【解】(1) 当 $\alpha=1$ 时，X 的概率密度为

$$f(x;\beta)=\begin{cases}\dfrac{\beta}{x^{\beta+1}}, & x>1,\\ 0, & x\leqslant 1.\end{cases}$$

$$EX=\int_1^{+\infty}x\cdot\frac{\beta}{x^{\beta+1}}\mathrm{d}x=\frac{\beta}{\beta-1}.$$

由 $EX=\overline{X}$ 可知 β 的矩估计量为 $\hat{\beta}=\dfrac{\overline{X}}{\overline{X}-1}$.

(2) 设样本 $X_1,X_2,\cdots,X_n$ 的观察值为 $x_1,x_2,\cdots,x_n$，则似然函数为

$$L(\beta)=\begin{cases}\prod\limits_{i=1}^{n}\dfrac{\beta}{x_i^{\beta+1}}, & x_i>1(i=1,2,\cdots,n),\\ 0, & \text{其他}\end{cases}=\begin{cases}\beta^n\prod\limits_{i=1}^{n}\dfrac{1}{x_i^{\beta+1}}, & x_i>1,\\ 0, & \text{其他}.\end{cases}$$

当 $x_i>1$ 时，

$$\ln L(\beta)=n\ln\beta+\ln\left(\prod_{i=1}^{n}\frac{1}{x_i^{\beta+1}}\right)=n\ln\beta-(\beta+1)\sum_{i=1}^{n}\ln x_i,$$

$$\frac{\mathrm{d}[\ln L(\beta)]}{\mathrm{d}\beta}=\frac{n}{\beta}-\sum_{i=1}^{n}\ln x_i.$$

由$\dfrac{\mathrm{d}[\ln L(\beta)]}{\mathrm{d}\beta}=0$可知$\beta$的最大似然估计量为$\hat{\beta}=\dfrac{n}{\sum\limits_{i=1}^{n}\ln X_i}$.

（3）当$\beta=2$时，X的概率密度为

$$f(x;\alpha)=\begin{cases}\dfrac{2\alpha^2}{x^3}, & x>\alpha,\\ 0, & x\leqslant\alpha.\end{cases}$$

对于X的样本值$x_1,x_2,\cdots,x_n$，似然函数为

$$L(\alpha)=\begin{cases}\prod\limits_{i=1}^{n}\dfrac{2\alpha^2}{x_i^3}, & x_i>\alpha(i=1,2,\cdots,n),\\ 0, & \text{其他}\end{cases}=\begin{cases}2^n\alpha^{2n}\prod\limits_{i=1}^{n}\dfrac{1}{x_i^3}, & \alpha<\min\{x_1,x_2,\cdots,x_n\},\\ 0, & \text{其他}.\end{cases}$$

当$\alpha<\min\{x_1,x_2,\cdots,x_n\}$时，

$$\ln L(\alpha)=n\ln 2+2n\ln\alpha+\ln\left(\prod_{i=1}^{n}\frac{1}{x_i^3}\right)=n\ln 2+2n\ln\alpha-3\sum_{i=1}^{n}\ln x_i,$$

$$\frac{\mathrm{d}[\ln L(\alpha)]}{\mathrm{d}\alpha}=\frac{2n}{\alpha}>0.$$

由于$L(\alpha)$单调递增，故α的最大似然估计量为$\hat{\alpha}=\min\{X_1,X_2,\cdots,X_n\}$.

【题外话】

（i）就连续总体而言，求最大似然估计的关键在于正确地对似然函数取对数. **为了使取对数方便，在写出似然函数后应及时进行化简，将与i无关的形式提出连乘符号；而在对连乘形式取对数时，可逐项利用对数的性质，按部就班地进行化简，切莫草率地写出取对数后的结果.** 比如对于本例(2)，在写出似然函数$L(\beta)=\prod\limits_{i=1}^{n}\dfrac{\beta}{x_i^{\beta+1}}\ (x_i>1)$后应及时地将与$i$无关的$\beta$提出连乘符号，得到$L(\beta)=\beta^n\prod\limits_{i=1}^{n}\dfrac{1}{x_i^{\beta+1}}\ (x_i>1)$；而在对$\prod\limits_{i=1}^{n}\dfrac{1}{x_i^{\beta+1}}$取对数时，

$$\ln\left(\prod_{i=1}^{n}\frac{1}{x_i^{\beta+1}}\right)=-(\beta+1)\sum_{i=1}^{n}\ln x_i$$

的结果若难以一目了然，则可经过以下计算过程得到：

$$\begin{aligned}\ln\left(\prod_{i=1}^{n}\frac{1}{x_i^{\beta+1}}\right)&=\ln\left(\frac{1}{x_1^{\beta+1}}\frac{1}{x_2^{\beta+1}}\cdots\frac{1}{x_n^{\beta+1}}\right)=\ln x_1^{-(\beta+1)}+\ln x_2^{-(\beta+1)}+\cdots+\ln x_n^{-(\beta+1)}\\&=-(\beta+1)(\ln x_1+\ln x_2+\cdots+\ln x_n)=-(\beta+1)\sum_{i=1}^{n}\ln x_i.\end{aligned}$$

（ii）请比较本例(2)与本例(3)的不同之处. 由于本例(2)的似然函数$L(\beta)$不是单调函数，故通过$\dfrac{\mathrm{d}[\ln L(\beta)]}{\mathrm{d}\beta}=0$来求$\beta$的最大似然估计量. 而本例(3)的似然函数$L(\alpha)$在$\alpha\in(-\infty,\min\{x_1,x_2,\cdots,x_n\}]$时是单调递增的函数，并且它在$\alpha=\min\{x_1,x_2,\cdots,x_n\}$处取得最大值，因此将$\min\{x_1,x_2,\cdots,x_n\}$对应的统计量$\hat{\alpha}=\min\{X_1,X_2,\cdots,X_n\}$作为$\alpha$的最大似然估计量. 此外，值得注意的是，似然函数$L(\alpha)$是以$\alpha$为自变量的函数，而$x_i>\alpha(i=1,2,\cdots,n)$则意味着$\alpha<x_1,\alpha<x_2,\cdots,\alpha<x_n$，即$\alpha<\min\{x_1,x_2,\cdots,x_n\}$，并且$\min\{x_1,x_2,\cdots,x_n\}$是由样本值$x_1,x_2,\cdots,x_n$确定的，应看作一个已知的数值.

一般情况下，如果连续总体的概率密度函数值非零的区间的端点与未知参数有关，那么在求该参数的最大似然估计时，就应该考虑似然函数是否为单调函数，并且是否应将似然函数函数值非零的区间的端点作为最大似然估计值. 就好比本例(3)，一旦发现了 $f(x;\alpha)$ 函数值非零的区间$(\alpha,+\infty)$的端点与未知参数 α 有关，那么就应该"提高警惕"，去考虑似然函数 $L(\alpha)$ 的最大值是否不似本例(2)那般在其导数为零的点处取得.

(iii) 值得注意的是，**"估计量"是一个统计量，其中的 X 都应大写；而"估计值"是相应估计量的观察值，是一个数值，其中的 x 都应小写.** 比如，若本例(1)和本例(2)分别改为求 β 的矩估计值和最大似然估计值，则其答案就应分别改为 $\hat{\beta}=\dfrac{\bar{x}}{\bar{x}-1}$ 和 $\hat{\beta}=\dfrac{n}{\sum\limits_{i=1}^{n}\ln x_i}$. 至于"估计"，则是估计量和估计值的统称.

【例 12】 设总体 X 的概率密度为

$$f(x;\theta)=\begin{cases}\theta, & 0<x\leqslant 2,\\ 1-2\theta, & 2<x\leqslant 3,\\ 0, & \text{其他},\end{cases}$$

其中 $\theta\left(0<\theta<\dfrac{1}{2}\right)$ 为未知参数，$X_1,X_2,\cdots,X_n$ 为来自总体 X 的简单随机样本，$\overline{X}$ 为样本均值.

(1) 判断 $\dfrac{5-2\overline{X}}{6}$ 是否为 θ 的无偏估计量，并说明理由；

(2) 设 m 为样本值 $x_1,x_2,\cdots,x_n$ 中大于 2 的个数，求 θ 的最大似然估计.

【解】 (1) $E\left(\dfrac{5-2\overline{X}}{6}\right)=\dfrac{5}{6}-\dfrac{1}{3}E(\overline{X})=\dfrac{5}{6}-\dfrac{1}{3}EX$

$$=\frac{5}{6}-\frac{1}{3}\left(\int_0^2\theta x\,\mathrm{d}x+\int_2^3(1-2\theta)x\,\mathrm{d}x\right)$$

$$=\frac{5}{6}-\frac{1}{3}\left(\frac{5}{2}-3\theta\right)=\theta.$$

故 $\dfrac{5-2\overline{X}}{6}$ 是 θ 的无偏估计量.

(2) 对于 X 的样本值 $x_1,x_2,\cdots,x_n$，似然函数为

$$L(\theta)=\theta^{n-m}(1-2\theta)^m.$$

取对数，得

$$\ln L(\theta)=(n-m)\ln\theta+m\ln(1-2\theta).$$

两边对 θ 求导，得

$$\frac{\mathrm{d}[\ln L(\theta)]}{\mathrm{d}\theta}=\frac{n-m}{\theta}-\frac{2m}{1-2\theta}=\frac{n-m-2n\theta}{\theta(1-2\theta)}.$$

由 $\dfrac{\mathrm{d}[\ln L(\theta)]}{\mathrm{d}\theta}=0$ 可知，θ 的最大似然估计为 $\hat{\theta}=\dfrac{n-m}{2n}$.

【题外话】 与例 12 不同的是，本例中总体 X 的概率密度 $f(x;\theta)$ 函数值非零的区间不止

一个，此时该如何书写似然函数呢？因为在 n 个样本值中，有 m 个大于 2，$n-m$ 个小于等于 2，所以将 $f(x;\theta)$ 在每个样本值处的函数值相乘，便能得到似然函数 $L(\theta)=(1-2\theta)^m\cdot\theta^{n-m}$.

本例(2)只要写出了似然函数，那么接下来只需要按部就班即可求出最大似然估计．作为数理统计中最重要的问题，求矩估计和最大似然估计其实就是执行一套“程序化”的操作，只不过对于不同的总体，似然函数的写法不同，以及它的最大值点既可能是导数为零的点(如例 10、例 11(2)和本例)，又可能是函数值非零的区间的端点(如例 11(3))而已．不止矩估计和最大似然估计问题，区间估计和假设检验问题又何尝不是如此呢？

问题 4　区间估计与假设检验

知识储备

1. 正态总体的均值与方差的置信区间

设 $X_1,X_2,\cdots,X_n$ 是来自正态总体 $N(\mu,\sigma^2)(\sigma>0)$ 的样本，$\overline{X}$ 和 S^2 分别为样本均值和样本方差，则均值 μ 和方差 σ^2 的置信水平为 $1-\alpha(0<\alpha<1)$ 的置信区间如表 5-1 所列.

表 5-1

待估参数	其他参数	置信区间
μ	σ^2 已知	$\left(\overline{X}-\frac{\sigma}{\sqrt{n}}z_{\frac{\alpha}{2}},\overline{X}+\frac{\sigma}{\sqrt{n}}z_{\frac{\alpha}{2}}\right)$
	σ^2 未知	$\left(\overline{X}-\frac{S}{\sqrt{n}}t_{\frac{\alpha}{2}}(n-1),\overline{X}+\frac{S}{\sqrt{n}}t_{\frac{\alpha}{2}}(n-1)\right)$
σ^2	μ 未知	$\left(\frac{(n-1)S^2}{\chi^2_{\frac{\alpha}{2}}(n-1)},\frac{(n-1)S^2}{\chi^2_{1-\frac{\alpha}{2}}(n-1)}\right)$

【注】设 $\underline{\theta}=\underline{\theta}(X_1,X_2,\cdots,X_n)$，$\bar{\theta}=\bar{\theta}(X_1,X_2,\cdots,X_n)$ 是来自总体 X 的样本 X_1，$X_2,\cdots,X_n$ 确定的统计量，若对于任意 θ，有

$$P\{\underline{\theta}<\theta<\bar{\theta}\}\geqslant 1-\alpha,$$

则称 $(\underline{\theta},\bar{\theta})$ 为 θ 的置信水平为 $1-\alpha(0<\alpha<1)$ 的置信区间，$\underline{\theta}$ 和 $\bar{\theta}$ 分别称为置信水平为 $1-\alpha$ 的双侧置信区间的置信下限和置信上限.

2. 正态总体的均值与方差的假设检验

设 $X_1,X_2,\cdots,X_n$ 是来自正态总体 $N(\mu,\sigma^2)(\sigma>0)$ 的样本，$\overline{X}$ 和 S^2 分别为样本均值和样本方差，则均值 μ 和方差 σ^2 的检验统计量，以及相应检验问题在显著性水平 $\alpha(0<\alpha<1)$ 下的拒绝域如表 5-2 所列.

表 5-2

检验参数	其他参数	检验统计量	H_0	H_1	拒绝域
μ	σ^2 已知	$Z=\dfrac{\overline{X}-\mu_0}{\sigma/\sqrt{n}}$	$\mu\leqslant\mu_0$	$\mu>\mu_0$	$z\geqslant z_\alpha$
			$\mu\geqslant\mu_0$	$\mu<\mu_0$	$z\leqslant -z_\alpha$
			$\mu=\mu_0$	$\mu\neq\mu_0$	$\lvert z\rvert\geqslant z_{\frac{\alpha}{2}}$
	σ^2 未知	$t=\dfrac{\overline{X}-\mu_0}{S/\sqrt{n}}$	$\mu\leqslant\mu_0$	$\mu>\mu_0$	$t\geqslant t_\alpha(n-1)$
			$\mu\geqslant\mu_0$	$\mu<\mu_0$	$t\leqslant -t_\alpha(n-1)$
			$\mu=\mu_0$	$\mu\neq\mu_0$	$\lvert t\rvert\geqslant t_{\frac{\alpha}{2}}(n-1)$
σ^2	μ 未知	$\chi^2=\dfrac{(n-1)S^2}{\sigma_0^2}$	$\sigma^2\leqslant\sigma_0^2$	$\sigma^2>\sigma_0^2$	$\chi^2\geqslant\chi_\alpha^2(n-1)$
			$\sigma^2\geqslant\sigma_0^2$	$\sigma^2<\sigma_0^2$	$\chi^2\leqslant\chi_{1-\alpha}^2(n-1)$
			$\sigma^2=\sigma_0^2$	$\sigma^2\neq\sigma_0^2$	$\chi^2\geqslant\chi_{\frac{\alpha}{2}}^2(n-1)$ 或 $\chi^2\leqslant\chi_{1-\frac{\alpha}{2}}^2(n-1)$

【注】先对总体中的未知参数作出假设 H_0，以及与 H_0 对立的假设 H_1，再根据样本情况判断接受或拒绝 H_0 的过程称为假设检验，其中 H_0 和 H_1 分别称为原假设和备择假设.

若选择一个能体现所需检验的参数情况的统计量，并且求出该统计量在

$$P\{拒绝实际为真的\ H_0\}\leqslant\alpha$$

时的范围 C，则所选统计量称为检验统计量，α 称为显著性水平($0<\alpha<1$)，C 称为拒绝域. **拒绝域是选择拒绝 H_0，接受 H_1 时检验统计量的范围.**

问题研究

题眼探索 在"告别"数理统计之前，还有区间估计和假设检验这最后两个问题等待着解决.这两个问题不乏相似之处，它们都只针对正态总体 $N(\mu,\sigma^2)$ 来探讨，并且去估计或检验参数 μ 和参数 σ^2.不管是估计还是检验 μ，都存在着 σ^2 已知和 σ^2 未知两种情况；而如果要估计或检验 σ^2，则 μ 一般都未知.

其实，只要牢记两张表格，区间估计和假设检验问题就都可以"秒杀".**一旦判断出了问题的类型(需要估计或检验的参数是 μ 还是 σ^2，并且若是 μ，则 σ^2 又是否已知)，那么便可"对号入座"，分别根据表 5-1 或表 5-2，得到相应的置信区间或拒绝域.**

1. 求置信区间

【例 13】 (2016 年考研题)设 $x_1,x_2,\cdots,x_n$ 为来自总体 $N(\mu,\sigma^2)$ 的简单随机样本，样本均值 $\bar{x}=9.5$，参数 μ 的置信度为 0.95 的双侧置信区间的置信上限为 10.8，则 μ 的置信度为 0.95 的双侧置信区间为________.

【解】由于 σ^2 未知，故 μ 的置信度为 $1-\alpha$ 的双侧置信区间为

$$\left(\bar{x}-\frac{s}{\sqrt{n}}t_{\frac{\alpha}{2}}(n-1),\bar{x}+\frac{s}{\sqrt{n}}t_{\frac{\alpha}{2}}(n-1)\right).$$

由 $\bar{x}+\frac{s}{\sqrt{n}}t_{\frac{\alpha}{2}}(n-1)=9.5+\frac{s}{\sqrt{n}}t_{0.025}(n-1)=10.8$ 可知 $\frac{s}{\sqrt{n}}t_{0.025}(n-1)=1.3$，故

$$\bar{x}-\frac{s}{\sqrt{n}}t_{\frac{\alpha}{2}}(n-1)=9.5-\frac{s}{\sqrt{n}}t_{0.025}(n-1)=8.2,$$

从而所求置信区间为(8.2,10.8).

2. 假设检验

【例 14】

(1) 已知一批货物的质量 X(单位:kg)服从正态分布 $N(\mu,0.6^2)$，从中随机地抽取 9 箱货物，得到质量的平均值为 6 kg. 问在显著性水平 0.05 下，是否可以认为这批货物的平均质量大于 5.64 kg? 并给出检验过程.(注:标准正态分布函数值 $\Phi(1.645)=0.95$，$\Phi(1.96)=0.975$.)

(2) 从某工厂的产品中抽取 11 个罐头，其 100 g 番茄汁中，测得维生素 C 含量(单位: mg/g)为

$$16,25,21,20,24,22,19,15,17,23,18.$$

设维生素 C 含量服从正态分布，问在显著性水平 0.05 下，是否可以认为这批罐头 100 g 番茄汁中的平均维生素 C 含量为 21 mg/g? 并给出检验过程.(注:$t_{0.05}(10)=1.813$，$t_{0.05}(11)=1.796$，$t_{0.025}(10)=2.228$，$t_{0.025}(11)=2.201$.)

【分析】 本例该如何确定原假设 H_0 和备择假设 H_1 呢? 对于本例(1)，将“是否可以认为这批货物的平均质量大于 5.64 kg”改写为陈述句“这批货物的平均质量大于 5.64 kg”，就能确定 $H_1:\mu>5.64$，而 H_0 则是与 H_1 对立的假设 $H_0:\mu\leqslant 5.64$. 类似地，把本例(2)的问题“是否可以认为这批罐头 100 g 番茄汁中的平均维生素 C 含量为 21mg/g”改写为陈述句“这批罐头 100 g 番茄汁中的平均维生素 C 含量为 21mg/g”，便也能确定 $H_0:\mu=21$ 和 $H_1:\mu\neq 21$.

此外，本例(1)是在已知 $\sigma^2=0.6^2$ 的前提下检验参数 μ，而本例(2)则是在 σ^2 未知的前提下对参数 μ 的检验. 于是便可根据表 5-2，“对号入座”地选择检验统计量，并得到拒绝域.

【解】

(1) $H_0:\mu\leqslant 5.64$，$H_1:\mu>5.64$.

拒绝域为

$$z=\frac{\bar{x}-5.64}{\sigma/\sqrt{n}}\geqslant z_{0.05}.$$

由 $\bar{x}=6,\sigma=0.6,n=9,z_{0.05}=1.645$ 可知

$$z=\frac{6-5.64}{0.6/3}=1.8>1.645.$$

由于 z 落在拒绝域中，故拒绝 H_0，即可以认为这批货物的平均质量大于 5.64 kg.

(2) $H_0:\mu=21$，$H_1:\mu\neq 21$.

拒绝域为

$$|t|=\left|\frac{\bar{x}-21}{s/\sqrt{n}}\right|\geqslant t_{0.025}(n-1).$$

由 $\bar{x}=20, s^2=11, n=11, t_{0.025}(10)=2.228$ 可知

$$|t|=\left|\frac{20-21}{\sqrt{11}/\sqrt{11}}\right|=1<2.228.$$

由于 t 没有落在拒绝域中，故接受 H_0，即可以认为这批罐头 100 g 番茄汁中的平均维生素 C 含量为 21 mg/g.

【题外话】

(i) 值得注意的是，标准正态随机变量 X 的分布函数 $\Phi(x)=P\{X\leqslant x\}$，而 $N(0,1)$ 分布的上 α 分位点 z_α 是由 $P\{X>z_\alpha\}=\alpha$ 来定义的，这意味着 $\Phi(z_\alpha)=1-\alpha$. 因此，本例(1)由 $\Phi(1.645)=0.95, \Phi(1.96)=0.975$ 分别可知 $z_{0.05}=1.645, z_{0.025}=1.96$.

(ii) **假设检验是一只“纸老虎”，类似于求最大似然估计，它其实也是在执行一套“程序化”的操作：**

① 写出 H_0 和 H_1. 一般先通过把问题改写为陈述句来确定 H_1，再写出与 H_1 对立的假设 H_0，但是应注意等号往往都取在 H_0 处；

② 根据表 5-2，写出检验统计量及拒绝域；

③ 计算检验统计量的值，并判断它是否落在拒绝域中；

④ 根据“拒绝域是选择拒绝 H_0，接受 H_1 时检验统计量的范围”，判断接受或拒绝 H_0.

捅破了假设检验这只“纸老虎”，那么数理统计的“探索之旅”也到达了终点.

实战演练

一、选择题

1. 设 X_1, X_2, X_3, X_4 为来自正态总体 $N(0,2^2)$ 的简单随机样本，

$$X=a(X_1-2X_2)^2+b(3X_3-4X_4)^2,$$

其中，$a, b\neq 0$. 若统计量 X 服从 χ^2 分布，则(　　)

(A) $a=\frac{1}{10}, b=\frac{1}{50}$.　　(B) $a=\frac{1}{20}, b=\frac{1}{50}$.

(C) $a=\frac{1}{10}, b=\frac{1}{100}$.　　(D) $a=\frac{1}{20}, b=\frac{1}{100}$.

2. 设 $X_1, X_2, \cdots, X_{10}$ 为来自正态总体 $N(0,\sigma^2)(\sigma>0)$ 的简单随机样本，则统计量 $Y=\frac{X_1^2+\cdots+X_5^2}{X_6^2+\cdots+X_{10}^2}$ 服从的分布为(　　)

(A) $F(5,5)$.　　(B) $F(10,10)$.　　(C) $t(5)$.　　(D) $t(10)$.

3. 设 X_1, X_2, X_3 为来自正态总体 $N(0,\sigma^2)(\sigma>0)$ 的简单随机样本，则统计量 $S=\frac{X_1-X_2}{\sqrt{2}\,|X_3|}$ 服从的分布为(　　)

(A) $F(1,1)$.　　(B) $F(2,1)$.　　(C) $t(1)$.　　(D) $t(2)$.

4. 设随机变量 X 服从正态分布 $N(0,1)$ 对给定的 $\alpha(0<\alpha<1)$，数 z_α 满足 $P\{X>z_\alpha\}=$

α. 若 $P\{|X|<x\}=\alpha$，则 $x=$(　　)

(A) $z_{\frac{\alpha}{2}}$.　　(B) $z_{1-\frac{\alpha}{2}}$.　　(C) $z_{\frac{1-\alpha}{2}}$.　　(D) $z_{1-\alpha}$.

二、填空题

5. 设 $X_1,X_2,\cdots,X_m$ 为来自二项分布总体 $B(n,p)$ 的简单随机样本，$\overline{X}$ 和 S^2 分别为样本均值和样本方差. 记统计量 $T=\overline{X}-S^2$，则 $ET=$______.

6. 设 $X_1,X_2,\cdots,X_n$ 为来自总体 $N(\mu,\sigma^2)(\sigma>0)$ 的简单随机样本. 记统计量 $T=\frac{1}{n}\sum_{i=1}^{n}X_i^2$，则 $ET=$______.

三、解答题

7. 设 $X_1,X_2,\cdots,X_n(n>2)$ 为来自总体 $N(0,\sigma^2)$ 的简单随机样本，$\overline{X}$ 为样本均值. 记 $Y_i=X_i-\overline{X}$，$i=1,2,\cdots,n$.

(1) 求 Y_i 的方差 $D(Y_i)$，$i=1,2,\cdots,n$；

(2) 求 Y_1 与 Y_n 的协方差 $\mathrm{Cov}(Y_1,Y_n)$；

(3) 若 $C(Y_1+Y_n)^2$ 是 σ^2 的无偏估计量，求常数 C.

8. 设总体 X 的概率密度为

$$f(x;\theta)=\begin{cases}\dfrac{\theta^2}{x^3}\mathrm{e}^{-\frac{\theta}{x}}, & x>0,\\ 0, & \text{其他},\end{cases}$$

其中 θ 为未知参数且大于零. $X_1,X_2,\cdots,X_n$ 为来自总体 X 的简单随机样本.

(1) 求 θ 的矩估计量；

(2) 求 θ 的最大似然估计量.

9. 设某种元件的使用寿命 X 的概率密度为

$$f(x;\theta)=\begin{cases}2\mathrm{e}^{-2(x-\theta)}, & x\geqslant\theta,\\ 0, & x<\theta.\end{cases}$$

其中未知参数 $\theta>0$. 又设 $x_1,x_2,\cdots,x_n$ 是 X 的一组样本观测值，求参数 θ 的最大似然估计值.

10. 设某次考试的学生成绩服从正态分布，从中随机地抽取 36 位考生的成绩，算得平均成绩为 66.5 分，标准差为 15 分. 问在显著性水平 0.05 下，是否可以认为这次考试全体考生的平均成绩为 70 分？并给出检验过程.（注：$t_{0.05}(35)=1.6896$，$t_{0.05}(36)=1.6883$，$t_{0.025}(35)=2.0301$，$t_{0.025}(36)=2.0281$.）

习题答案与解析

第一章

一、选择题

1.【答案】(D).

【解】由于 A,B 互不相容，故 $P(AB)=0$，从而根据逆事件的对偶律，$P(\overline{A}\cup\overline{B})=1$.

2.【答案】(C).

【解】由 $1=P(A|B)=\dfrac{P(AB)}{P(B)}$ 可知 $P(B)=P(AB)$. 因此，

$$P(A\cup B)=P(A)+P(B)-P(AB)=P(A).$$

二、填空题

3.【答案】$\dfrac{2}{3}$.

【解】由 $0.8=P(A\cup B)=P(A)+P(B)-P(AB)$ 可知 $P(A)-P(AB)=0.4$. 故

$$P(A\mid\overline{B})=\frac{P(A\overline{B})}{P(\overline{B})}=\frac{P(A)-P(AB)}{1-P(B)}=\frac{0.4}{1-0.4}=\frac{2}{3}.$$

4.【答案】$\dfrac{1}{4}$.

【解】由 $ABC=\varnothing$ 可知 $P(ABC)=0$. 又由于 A,B,C 两两独立，故

$$P(AB)=P(A)P(B),P(AC)=P(A)P(C),P(BC)=P(B)P(C).$$

于是

$$\begin{aligned}P(A\cup B\cup C)&=P(A)+P(B)+P(C)-P(AB)-\\&\quad P(AC)-P(BC)+P(ABC)\\&=3P(A)-3[P(A)]^2.\end{aligned}$$

由 $P(A\cup B\cup C)=\dfrac{9}{16}$，且 $P(A)<\dfrac{1}{2}$，得 $P(A)=\dfrac{1}{4}$.

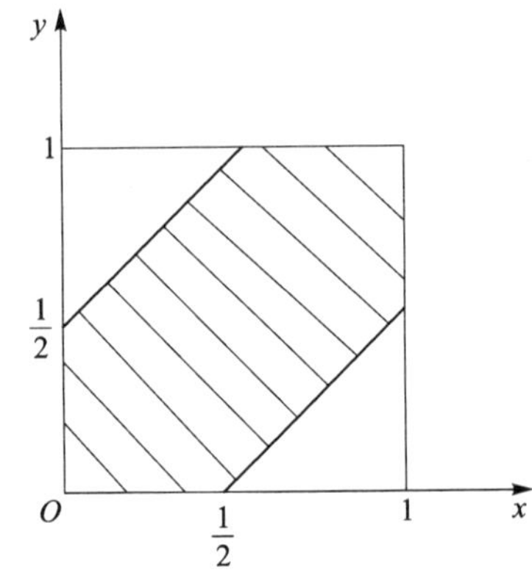

5.【答案】$\dfrac{3}{4}$.

【解】如右图所示，由于区域

$$S=\{(x,y)\mid 0<x<1,0<y<1\}$$

的面积为 1，又由于区域

$$A=\left\{(x,y)\middle|0<x<1,0<y<1,|x-y|<\frac{1}{2}\right\}$$

(图中阴影部分)的面积为 $1-2\times\left(\frac{1}{2}\right)^3=\frac{3}{4}$，故所求概率为 $\frac{3}{4}$.

6.【答案】$\frac{2}{3}$.

【解】设该射手的命中率为 p，则他 4 次都没有命中的概率为 $(1-p)^4$.

由 $(1-p)^4=\frac{1}{81}$ 得，$p=\frac{2}{3}$.

7.【答案】$\frac{5}{8}$.

【解】设 $A_1=\{$取出政治书$\}$，$A_2=\{$取出英语书$\}$，$A_3=\{$取出数学书$\}$，则

$$P(A_1)=0.5,P(A_2)=0.3,P(A_3)=0.2.$$

$$P(A_1\mid A_1\cup A_2)=\frac{P(A_1)}{P(A_1\cup A_2)}=\frac{0.5}{0.5+0.3}=\frac{5}{8}.$$

8.【答案】$\frac{3}{7}$.

【解】设 $A=\{$取出的是次品$\}$，$B=\{$取出的产品是甲厂生产的$\}$，则 $P(B)=0.6$，$P(\overline{B})=0.4$，且 $P(A|B)=0.01$，$P(A|\overline{B})=0.02$.

$$P(B\mid A)=\frac{P(A\mid B)P(B)}{P(A\mid B)P(B)+P(A\mid \overline{B})P(\overline{B})}=\frac{3}{7}.$$

9.【答案】$\frac{2}{5}$.

【解】设 $B_1=\{$第一个人取得黄球$\}$，$B_2=\{$第一个人取得白球$\}$，$A=\{$第二个人取得黄球$\}$，则 $P(B_1)=\frac{2}{5}$，$P(B_2)=\frac{3}{5}$，且 $P(A|B_1)=\frac{19}{49}$，$P(A|B_2)=\frac{20}{49}$.

$$P(A)=P(A\mid B_1)P(B_1)+P(A\mid B_2)P(B_2)=\frac{2}{5}.$$

三、解答题

10.【解】(1)设 $A=\{$被挑出的是第一箱$\}$，$B_1=\{$先取出的零件是一等品$\}$.

$$p=P(B_1)=P(B_1\mid A)P(A)+P(B_1\mid \overline{A})P(\overline{A})=\frac{10}{50}\times\frac{1}{2}+\frac{18}{30}\times\frac{1}{2}=\frac{2}{5}.$$

(2) 设 $B_2=\{$第二次取出的零件是一等品$\}$.

$$q=P(B_2\mid B_1)=\frac{P(B_1B_2)}{P(B_1)}=\frac{P(B_1B_2\mid A)P(A)+P(B_1B_2\mid \overline{A})P(\overline{A})}{P(B_1)}$$

$$=\frac{5}{2}\times\left(\frac{10}{50}\times\frac{9}{49}\times\frac{1}{2}+\frac{18}{30}\times\frac{17}{29}\times\frac{1}{2}\right)\approx 0.485\ 57$$

第二章

一、选择题

1.【答案】(D).

【解】由于 $0\leqslant F_1(x)\leqslant 1, 0\leqslant F_2(x)\leqslant 1$，且 $f_1(x)\geqslant 0, f_2(x)\geqslant 0$，故

$$f_1(x)F_2(x)+f_2(x)F_1(x)\geqslant 0.$$

又由于 $\lim\limits_{x\to-\infty}F_1(x)=\lim\limits_{x\to-\infty}F_2(x)=0$，$\lim\limits_{x\to+\infty}F_1(x)=\lim\limits_{x\to+\infty}F_2(x)=1$，且 $f_1(x)=F'_1(x)$，$f_2(x)=F'_2(x)$，故

$$\begin{aligned}\int_{-\infty}^{+\infty}[f_1(x)F_2(x)+f_2(x)F_1(x)]\,\mathrm{d}x&=\int_{-\infty}^{+\infty}[F'_1(x)F_2(x)+F'_2(x)F_1(x)]\,\mathrm{d}x\\&=\int_{-\infty}^{+\infty}[F_1(x)F_2(x)]'\mathrm{d}x=1,\end{aligned}$$

从而选(D).

2.【答案】(A).

【解】由题意，$f_1(x)=\varphi(x)$，$f_2(x)=\begin{cases}\dfrac{1}{4}, & -1\leqslant x\leqslant 3,\\0, & \text{其他}.\end{cases}$

$$\begin{aligned}\int_{-\infty}^{+\infty}f(x)\,\mathrm{d}x&=\int_{-\infty}^{0}af_1(x)\,\mathrm{d}x+\int_{0}^{+\infty}bf_2(x)\,\mathrm{d}x=a\int_{-\infty}^{0}\varphi(x)\,\mathrm{d}x+b\int_0^3\frac{1}{4}\mathrm{d}x\\&=a\Phi(0)+\frac{3}{4}b=\frac{1}{2}a+\frac{3}{4}b.\end{aligned}$$

由 $\int_{-\infty}^{+\infty}f(x)\,\mathrm{d}x=1$ 可知，$2a+3b=4$.

3.【答案】(C).

【解】由于 $P\{|X-\mu|<\sigma\}=P\{-\sigma<X-\mu<\sigma\}=P\left\{-1<\dfrac{X-\mu}{\sigma}\leqslant 1\right\}=\Phi(1)-\Phi(-1)$，故选(C).

二、填空题

4.【答案】$\begin{cases}\dfrac{1}{2}\mathrm{e}^x, & x<0,\\1-\dfrac{1}{2}\mathrm{e}^{-x}, & x\geqslant 0.\end{cases}$

【解】$f(t)=\begin{cases}\dfrac{1}{2}\mathrm{e}^t, & t<0,\\\dfrac{1}{2}\mathrm{e}^{-t}, & t\geqslant 0.\end{cases}$

当 $x<0$ 时，$F(x)=\int_{-\infty}^{x}f(t)\mathrm{d}t=\int_{-\infty}^{x}\dfrac{1}{2}\mathrm{e}^t\mathrm{d}t=\dfrac{1}{2}\mathrm{e}^x$；

当 $x\geqslant0$ 时，$F(x)=\int_{-\infty}^{x}f(t)\,\mathrm{d}t=\int_{-\infty}^{0}\frac{1}{2}\mathrm{e}^{t}\,\mathrm{d}t+\int_{0}^{x}\frac{1}{2}\mathrm{e}^{-t}\,\mathrm{d}t=1-\frac{1}{2}\mathrm{e}^{-x}$.

故 $F(x)=\begin{cases}\frac{1}{2}\mathrm{e}^{x}, & x<0,\\ 1-\frac{1}{2}\mathrm{e}^{-x}, & x\geqslant0.\end{cases}$

5.【答案】$\frac{1}{2}$.

【解】由 $\lim\limits_{x\to\frac{\pi}{2}^{+}}F(x)=F\left(\frac{\pi}{2}\right)$ 可知 $A=1$. 于是

$$P\left\{|X|<\frac{\pi}{6}\right\}=P\left\{-\frac{\pi}{6}<X<\frac{\pi}{6}\right\}=F\left(\frac{\pi}{6}\right)-F\left(-\frac{\pi}{6}\right)=\frac{1}{2}.$$

6.【答案】$\frac{4}{5}$.

【解】$P\{\xi^{2}-4\geqslant0\}=P\{\xi\leqslant-2\}+P\{\xi\geqslant2\}=P\{2\leqslant\xi<6\}=\frac{4}{5}$.

7.【答案】$\frac{9}{64}$.

【解】由于 $P\left\{X\leqslant\frac{1}{2}\right\}=\int_{0}^{\frac{1}{2}}2x\,\mathrm{d}x=\frac{1}{4}$，故 $Y\sim B\left(3,\frac{1}{4}\right)$. 于是

$$P\{Y=2\}=\mathrm{C}_{3}^{2}\left(\frac{1}{4}\right)^{2}\frac{3}{4}=\frac{9}{64}.$$

8.【答案】0.2.

【解】$P\{2<X<4\}=P\left\{\frac{2-2}{\sigma}<\frac{X-2}{\sigma}\leqslant\frac{4-2}{\sigma}\right\}=\Phi\left(\frac{2}{\sigma}\right)-\Phi(0)=\Phi\left(\frac{2}{\sigma}\right)-0.5$.

由 $P\{2<X<4\}=0.3$ 可知，$\Phi\left(\frac{2}{\sigma}\right)=0.8$. 于是

$$P\{X<0\}=P\left\{\frac{X-2}{\sigma}\leqslant\frac{0-2}{\sigma}\right\}=\Phi\left(-\frac{2}{\sigma}\right)=1-\Phi\left(\frac{2}{\sigma}\right)=0.2.$$

三、解答题

9.【解】$F_{Y}(y)=P\{Y\leqslant y\}=P\{X^{2}+1\leqslant y\}$

$$=\begin{cases}P\{-\sqrt{y-1}\leqslant X\leqslant\sqrt{y-1}\}, & y\geqslant1,\\ 0, & y<1.\end{cases}$$

如右图所示，

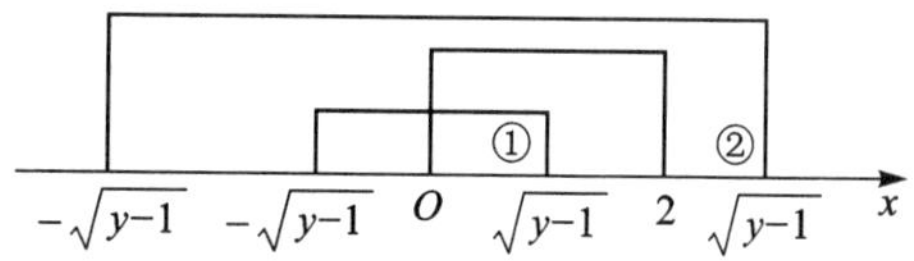

① 当 $1\leqslant y<5$（即 $\sqrt{y-1}<2$）时，

$F_{Y}(y)=\int_{0}^{\sqrt{y-1}}\frac{x^{3}}{4}\mathrm{d}x=\frac{1}{16}(y-1)^{2}$；

② 当 $y\geqslant5$（即 $\sqrt{y-1}\geqslant2$）时，

$$F_Y(y)=\int_0^2 \frac{x^3}{4}\mathrm{d}x=1.$$

故 $F_Y(y)=\begin{cases}0, & y<1,\\ \frac{1}{16}(y-1)^2, & 1\leqslant y<5,\\ 1, & y\geqslant 5,\end{cases}$ 从而 Y 的概率密度为

$$f_Y(y)=\begin{cases}\frac{1}{8}(y-1), & 1\leqslant y<5,\\ 0, & \text{其他}.\end{cases}$$

10. **【解】**(1) $F_Y(y)=P\{Y\leqslant y\}$

$$=P\{2\leqslant y, X\leqslant 1\}+P\{X\leqslant y, 1<X<2\}+P\{1\leqslant y, X\geqslant 2\}$$
$$=P\{2\leqslant y, 0<X\leqslant 1\}+P\{X\leqslant y, 1<X<2\}+P\{1\leqslant y, 2\leqslant X<3\}.$$

① 当 $y<1$ 时，

$$F_Y(y)=P(\varnothing)+P(\varnothing)+P(\varnothing)=0;$$

② 当 $1\leqslant y<2$ 时，

$$F_Y(y)=P(\varnothing)+P\{1<X\leqslant y\}+P\{2\leqslant X<3\}$$
$$=\int_1^y \frac{x^2}{9}\mathrm{d}x+\int_2^3 \frac{x^2}{9}\mathrm{d}x=\frac{y^3+18}{27};$$

③ 当 $y\geqslant 2$ 时，

$$F_Y(y)=P\{0<X\leqslant 1\}+P\{1<X<2\}+P\{2\leqslant X<3\}=P\{0<X<3\}=1.$$

故 Y 的分布函数为

$$F_Y(y)=\begin{cases}0, & y<1,\\ \frac{y^3+18}{27}, & 1\leqslant y<2,\\ 1, & y\geqslant 2.\end{cases}$$

(2) $P\{X\leqslant Y\}=P\{X<2\}=\int_0^2 \frac{x^2}{9}\mathrm{d}x=\frac{8}{27}.$

【注】本题中的 Y 既不是离散型随机变量，也不是连续型随机变量.

第三章

一、选择题

1. **【答案】**(C).

【解】 $P\{X+Y=2\}=P\{X=1,Y=1\}+P\{X=2,Y=0\}+P\{X=3,Y=-1\}$

$$=P\{X=1\}P\{Y=1\}+P\{X=2\}P\{Y=0\}+P\{X=3\}P\{Y=-1\}$$
$$=\frac{1}{4}\times\frac{1}{3}+\frac{1}{8}\times\frac{1}{3}+\frac{1}{8}\times\frac{1}{3}=\frac{1}{6}.$$

2. **【答案】**(B).

【解】 $P\{X=0\}=P\{X=0,Y=0\}+P\{X=0,Y=1\}=0.4+a.$

$P\{X+Y=1\}=P\{X=0,Y=1\}+P\{X=1,Y=0\}=a+b.$

$P\{X=0,X+Y=1\}=P\{X=0,Y=1\}=a.$

由$\{X=0\}$与$\{X+Y=1\}$独立可知，$P\{X=0,X+Y=1\}=P\{X=0\}P\{X+Y=1\}$，故解方程组$\begin{cases}a=(0.4+a)(a+b),\\0.4+a+b+0.1=1\end{cases}$得$\begin{cases}a=0.4,\\b=0.1.\end{cases}$

3.**【答案】**(B).

【解】
$$\begin{aligned}F_Z(z)&=P\{Z\leqslant z\}=P\{XY\leqslant z\}\\&=P\{XY\leqslant z,Y=0\}+P\{XY\leqslant z,Y=1\}\\&=P\{0\leqslant z,Y=0\}+P\{X\leqslant z,Y=1\}\\&=P\{0\leqslant z\}P\{Y=0\}+P\{X\leqslant z\}P\{Y=1\}\\&=\frac{1}{2}(P\{z\geqslant 0\}+P\{X\leqslant z\})\\&=\begin{cases}\frac{1}{2}\Phi(z), & z<0,\\ \frac{1}{2}[1+\Phi(z)], & z\geqslant 0.\end{cases}\end{aligned}$$

故$z=0$是唯一间断点.

【注】本题中的Z既不是离散型随机变量，也不是连续型随机变量.

二、填空题

4.**【答案】**$\frac{1}{9}$.

【解】$P\{\max\{X,Y\}\leqslant 1\}=P\{X\leqslant 1,Y\leqslant 1\}=P\{X\leqslant 1\}P\{Y\leqslant 1\}=(P\{0\leqslant X\leqslant 1\})^2=\frac{1}{9}.$

5.**【答案】**$\frac{1}{4}$.

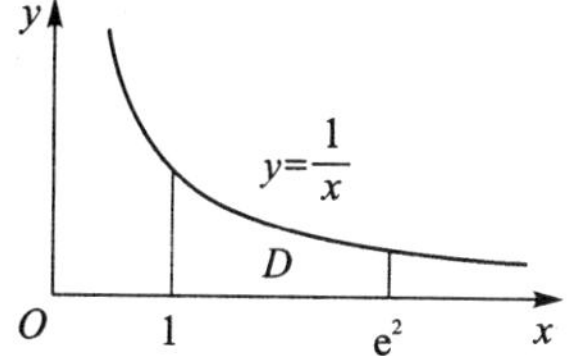

【解】如右图所示，由于区域D的面积为$\int_1^{e^2}\frac{1}{x}dx=2$，故$(X,Y)$的概率密度为

$$f(x,y)=\begin{cases}\frac{1}{2}, & (x,y)\in D,\\0, & 其他.\end{cases}$$

于是，当$1<x<e^2$时，$f_X(x)=\int_0^{\frac{1}{x}}\frac{1}{2}dy=\frac{1}{2x}$，故$f_X(2)=\frac{1}{4}$.

6.**【答案】**$\frac{1}{2}$.

【解】由于$(X,Y)\sim N(1,0;1,1;0)$，故$X\sim N(1,1)$，$Y\sim N(0,1)$，且X,Y独立. 于是

$$\begin{aligned}P\{XY-Y<0\}=P\{(X-1)Y<0\}&=P\{X-1>0,Y<0\}+P\{X-1<0,Y>0\}\\&=P\{X-1>0\}P\{Y<0\}+P\{X-1<0\}P\{Y>0\}\end{aligned}$$

$$=[1-\Phi(0)]\Phi(0)+\Phi(0)[1-\Phi(0)]=\frac{1}{2}.$$

三、解答题

7.【解】(1) 当 $x>0$ 时，$f_X(x)=\int_0^x e^{-x}dy=xe^{-x}$. 故

$$f_X(x)=\begin{cases}xe^{-x}, & x>0,\\ 0, & 其他.\end{cases}$$

当 $x>0$ 时，$f_{Y|X}(y|x)=\dfrac{f(x,y)}{f_X(x)}=\begin{cases}\dfrac{1}{x}, & 0<y<x\\ 0, & 其他\end{cases}$.

(2) $P\{X\leqslant 1\mid Y\leqslant 1\}=\dfrac{P\{X\leqslant 1,Y\leqslant 1\}}{P\{Y\leqslant 1\}}=\dfrac{\int_0^1 dx\int_0^x e^{-x}dy}{\int_0^1 dx\int_0^x e^{-x}dy+\int_1^{+\infty}dx\int_0^1 e^{-x}dy}$

$$=\frac{\int_0^1 xe^{-x}dx}{\int_0^1 xe^{-x}dx+\int_1^{+\infty}e^{-x}dx}=\frac{1-2e^{-1}}{1-e^{-1}}=\frac{e-2}{e-1}.$$

8.【解】(1) 当 $0<x<1$ 时，$f(x,y)=f_{Y|X}(y|x)f_X(x)=\begin{cases}\dfrac{9y^2}{x}, & 0<y<x\\ 0, & 其他\end{cases}$.

由于 $\int_0^1 dx\int_0^x \dfrac{9y^2}{x}dy=\int_0^1 3x^2dx=1$，故当 $x\leqslant 0$ 或 $x\geqslant 1$ 时，$f(x,y)=0$. 故

$$f(x,y)=\begin{cases}\dfrac{9y^2}{x}, & 0<x<1,0<y<x,\\ 0, & 其他.\end{cases}$$

(2) 当 $0<y<1$ 时，$f_Y(y)=\int_y^1 \dfrac{9y^2}{x}dx=-9y^2\ln y$. 故

$$f_Y(y)=\begin{cases}-9y^2\ln y, & 0<y<1,\\ 0, & 其他.\end{cases}$$

(3) $P\{X>2Y\}=\int_0^1 dx\int_0^{\frac{x}{2}}\dfrac{9y^2}{x}dy=\int_0^1 \dfrac{3}{8}x^2dx=\dfrac{1}{8}$.

9.【解】显然，$Y_1=X_1X_4$ 与 $Y_2=X_2X_3$ 独立同分布.

Y_1 所有可能取的值为 0,1.

由于

$$\begin{aligned}P\{Y_1=0\}&=P\{X_1=0,X_4=0\}+P\{X_1=0,X_4=1\}+P\{X_1=1,X_4=0\}\\&=P\{X_1=0\}P\{X_4=0\}+P\{X_1=0\}P\{X_4=1\}+P\{X_1=1\}P\{X_4=0\}\\&=0.6\times0.6+0.6\times0.4+0.4\times0.6=0.84,\end{aligned}$$

$$P\{Y_1=1\}=P\{X_1=1,X_4=1\}=P\{X_1=1\}P\{X_4=1\}=0.4\times0.4=0.16,$$

故 Y_1,Y_2 的分布律分别为

Y_1	0	1
P	0.84	0.16

Y_2	0	1
P	0.84	0.16

$X=Y_1-Y_2$ 所有可能取的值为$-1,0,1$.

由于

$$P\{X=-1\}=P\{Y_1=0,Y_2=1\}=P\{Y_1=0\}P\{Y_2=1\}=0.84\times0.16=0.1344,$$

$$\begin{aligned}P\{X=0\}&=P\{Y_1=0,Y_2=0\}+P\{Y_1=1,Y_2=1\}\\&=P\{Y_1=0\}P\{Y_2=0\}+P\{Y_1=1\}P\{Y_2=1\}\\&=0.84\times0.84+0.16\times0.16=0.7312,\end{aligned}$$

$$P\{X=1\}=P\{Y_1=1,Y_2=0\}=P\{Y_1=1\}P\{Y_2=0\}=0.16\times0.84=0.1344,$$

故 X 的分布律(概率分布)为

X	-1	0	1
P	0.1344	0.7312	0.1344

10.**【解】法一**:$F_Z(z)=P\{X+Y\leqslant z\}=P\{Y\leqslant z-X\}$.

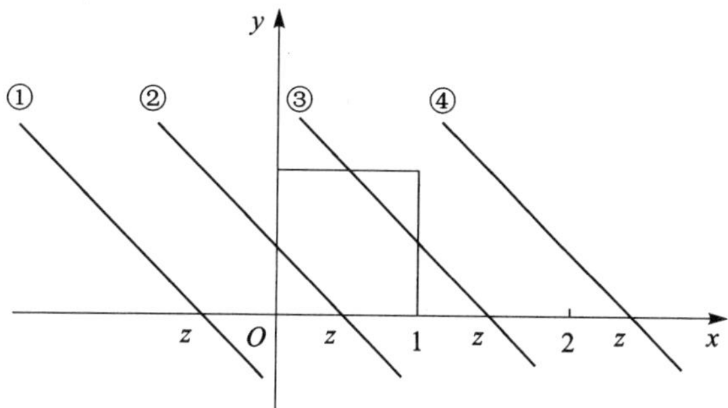

如上图所示,

① 当 $z<0$ 时,$F_Z(z)=0$;

② 当 $0\leqslant z<1$ 时,

$$\begin{aligned}F_Z(z)&=\int_0^z\mathrm{d}x\int_0^{z-x}2x\,\mathrm{d}y\\&=\int_0^z2x(z-x)\,\mathrm{d}x=\frac{1}{3}z^3;\end{aligned}$$

③ 当 $1\leqslant z<2$ 时,

$$\begin{aligned}F_Z(z)&=\int_0^{z-1}\mathrm{d}x\int_0^1 2x\,\mathrm{d}y+\int_{z-1}^1\mathrm{d}x\int_0^{z-x}2x\,\mathrm{d}y\\&=\int_0^{z-1}2x\,\mathrm{d}x+\int_{z-1}^1 2x(z-x)\,\mathrm{d}x\\&=-\frac{1}{3}(z^3-3z^2+1);\end{aligned}$$

④ 当 $z\geqslant2$ 时,$F_Z(z)=\int_0^1\mathrm{d}x\int_0^1 2x\,\mathrm{d}y=1$.

故

$$F_Z(z)=\begin{cases}0, & z<0,\\ \dfrac{1}{3}z^3, & 0\leqslant z<1,\\ -\dfrac{1}{3}(z^3-3z^2+1), & 1\leqslant z<2,\\ 1, & z\geqslant 2,\end{cases}$$

从而 Z 的概率密度为

$$f_Z(z)=\begin{cases}z^2, & 0\leqslant z<1,\\ z(2-z), & 1\leqslant z<2,\\ 0, & \text{其他}.\end{cases}$$

法二:由于 $z=x+y$ 可表示为 $y=h(x,z)=z-x$,故根据卷积公式(3-15),

$$f[x,h(x,z)]\left|\frac{\partial h(x,z)}{\partial z}\right|=f(x,z-x)=\begin{cases}2x, & 0<x<1,0<z-x<1,\\ 0, & \text{其他}.\end{cases}$$

由 $\begin{cases}0<x<1,\\ 0<z-x<1\end{cases}$ 可知,$\begin{cases}0<x<1,\\ z-1<x<z,\end{cases}$ 故只有当对于 x 的区间$(0,1)$和$(z-1,z)$的交集不为$\varnothing$时,Z 的概率密度 $f_Z(z)$才不为零.

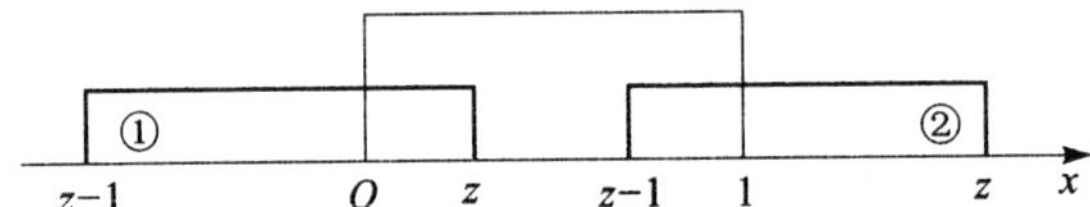

如上图所示,

① 当 $0<z<1$ 时,$f_Z(z)=\int_{-\infty}^{+\infty}f(x,z-x)\mathrm{d}x=\int_0^z 2x\,\mathrm{d}x=z^2$;

② 当 $1\leqslant z<2$(即 $0\leqslant z-1<1$)时,$f_Z(z)=\int_{-\infty}^{+\infty}f(x,z-x)\mathrm{d}x=\int_{z-1}^{1}2x\,\mathrm{d}x=z(2-z)$.

故 $f_Z(z)=\begin{cases}z^2, & 0\leqslant z<1,\\ z(2-z), & 1\leqslant z<2,\\ 0, & \text{其他}.\end{cases}$

第四章

一、选择题

1.【答案】(A).

【解】由于 $X+Y=n$,即 $Y=-X+n$,故由第四章例 9(1)可知 $\rho_{XY}=-1$.

二、填空题

2.【答案】$\dfrac{1}{2\mathrm{e}}$.

【解】由于 $E(X^2)=DX+(EX)^2=1+1^2=2$，故

$$P\{X=E(X^2)\}=P\{X=2\}=\frac{1^2\cdot e^{-1}}{2!}=\frac{1}{2e}.$$

3.【答案】$\frac{1}{4}(5-e^{-4})$.

【解】由 $EX=\frac{0+2}{2}=1$，$E(e^{-2X})=\int_0^2 e^{-2x}\cdot\frac{1}{2}dx=\frac{1}{4}(1-e^{-4})$，得

$$E(X+e^{-2X})=EX+E(e^{-2X})=\frac{1}{4}(5-e^{-4}).$$

4.【答案】4.

【解】设 X_1 表示直到第 1 次命中目标时所需的射击次数，X_2 表示第 1 次命中目标之后到第 2 次命中目标时所需的射击次数，则 $X=X_1+X_2$，且 X_1，X_2 均服从参数为 0.5 的几何分布，故 $E(X_1)=E(X_2)=2$，从而 $EX=E(X_1)+E(X_2)=4$.

5.【答案】$1-\frac{2}{\pi}$.

【解】由于 $X\sim N\left(0,\frac{1}{2}\right)$，$Y\sim N\left(0,\frac{1}{2}\right)$，且 X 和 Y 独立，故由式(4-2)可知

$$Z=X-Y\sim N(0,1).$$

$$E(|Z|^2)=E(Z^2)=DZ+(EZ)^2=1+0^2=1.$$

$$E(|Z|)=\int_{-\infty}^{+\infty}|z|\frac{1}{\sqrt{2\pi}}e^{-\frac{z^2}{2}}dz=2\int_0^{+\infty}z\frac{1}{\sqrt{2\pi}}e^{-\frac{z^2}{2}}dz$$

$$=-2\int_0^{+\infty}\frac{1}{\sqrt{2\pi}}e^{-\frac{z^2}{2}}d\left(-\frac{z^2}{2}\right)=\sqrt{\frac{2}{\pi}}.$$

故

$$D(|X-Y|)=D(|Z|)=E(|Z|^2)-[E(|Z|)]^2=1-\frac{2}{\pi}.$$

6.【答案】0.9.

【解】$\rho_{YZ}=\frac{\mathrm{Cov}(Y,Z)}{\sqrt{DY}\cdot\sqrt{DZ}}=\frac{\mathrm{Cov}(Y,X-0.4)}{\sqrt{DY}\cdot\sqrt{D(X-0.4)}}$.

由于 $D(X-0.4)=DX$，且

$$\mathrm{Cov}(Y,X-0.4)=\mathrm{Cov}(Y,X)-\mathrm{Cov}(Y,0.4)=\mathrm{Cov}(Y,X)=\mathrm{Cov}(X,Y),$$

故

$$\rho_{YZ}=\frac{\mathrm{Cov}(X,Y)}{\sqrt{DY}\cdot\sqrt{DX}}=\rho_{XY}=0.9.$$

三、解答题

7.【解】(1) $P\{X=2Y\}=P\{X=0,Y=0\}+P\{X=2,Y=1\}=\frac{1}{4}$.

(2) $\mathrm{Cov}(X-Y,Y)=\mathrm{Cov}(X,Y)-\mathrm{Cov}(Y,Y)=\mathrm{Cov}(X,Y)-DY$.

X,Y,XY 的分布律分别为

X	0	1	2
P	$\frac{1}{2}$	$\frac{1}{3}$	$\frac{1}{6}$

Y	0	1	2
P	$\frac{1}{3}$	$\frac{1}{3}$	$\frac{1}{3}$

XY	0	1	4
P	$\frac{7}{12}$	$\frac{1}{3}$	$\frac{1}{12}$

由 $EX=\frac{2}{3}, EY=1, E(Y^2)=\frac{5}{3}, E(XY)=\frac{2}{3}$，得

$$\mathrm{Cov}(X,Y)=E(XY)-EX\cdot EY=0,$$

$$DY=E(Y^2)-(EY)^2=\frac{2}{3}.$$

故

$$\mathrm{Cov}(X-Y,Y)=\mathrm{Cov}(X,Y)-DY=-\frac{2}{3}.$$

8.**【解】**(1)由于 X,Y 的概率密度都为

$$f(x)=\begin{cases}\mathrm{e}^{-x}, & x>0,\\ 0, & x\leqslant 0,\end{cases}$$

故 X,Y 的分布函数都为

$$F(x)=\int_{-\infty}^{x}f(t)\mathrm{d}t=\begin{cases}1-\mathrm{e}^{-x}, & x\geqslant 0,\\ 0, & x<0.\end{cases}$$

因为 X,Y 独立同分布，所以根据式(3-14)，V 的分布函数为

$$F_V(v)=1-[1-F(v)]^2=\begin{cases}1-\mathrm{e}^{-2v}, & v\geqslant 0,\\ 0, & v<0,\end{cases}$$

从而

$$f_V(v)=F'_V(v)=\begin{cases}2\mathrm{e}^{-2v}, & v\geqslant 0,\\ 0, & v<0.\end{cases}$$

(2) $E(U+V)=E(X+Y)=EX+EY=2.$

9.**【证】**(1) 由于

$$P\{X=1\}=P(A),P\{X=0\}=P(\overline{A}),P\{Y=1\}=P(B),P\{Y=0\}=P(\overline{B}),$$

又

$$P\{X=1,Y=1\}=P(AB),P\{X=1,Y=0\}=P(A\overline{B}),$$
$$P\{X=0,Y=1\}=P(\overline{A}B),P\{X=0,Y=0\}=P(\overline{A}\,\overline{B}),$$

故

$$P\{X=1,Y=1\}=P\{X=1\}P\{Y=1\}\Leftrightarrow P(AB)=P(A)P(B),$$
$$P\{X=1,Y=0\}=P\{X=1\}P\{Y=0\}\Leftrightarrow P(A\overline{B})=P(A)P(\overline{B}),$$
$$P\{X=0,Y=1\}=P\{X=0\}P\{Y=1\}\Leftrightarrow P(\overline{A}B)=P(\overline{A})P(B),$$
$$P\{X=0,Y=0\}=P\{X=0\}P\{Y=0\}\Leftrightarrow P(\overline{A}\,\overline{B})=P(\overline{A})P(\overline{B}),$$

从而 X 与 Y 独立的充分必要条件是 A 与 B 独立.

(2) 由

$$E(XY)=P(AB),EX=P(A),EY=P(B)$$

得

$$\mathrm{Cov}(X,Y)=E(XY)-EX\cdot EY=P(AB)-P(A)P(B),$$

故

$$\mathrm{Cov}(X,Y)=0 \Leftrightarrow P(AB)=P(A)P(B),$$

从而 X 与 Y 不相关的充分必要条件是 A 与 B 独立.

【注】若随机变量 X,Y 都只有两个可能取的值,则 X,Y 独立是 X,Y 不相关的充分必要条件.

10. **【解】**设 $X_i(i=1,2,\cdots,1\,000)$表示每户每天的用电量(单位:kW·h),a 为所求供电量(单位:kW·h),则由于 $X_i \sim U[0,20]$,故 $E(X_i)=10,D(X_i)=\dfrac{100}{3}$.

根据中心极限定理,$\sum\limits_{i=1}^{1\,000} X_i$ 近似地服从正态分布 $N\left(10\,000,\dfrac{100\,000}{3}\right)$.

于是,

$$P\left\{\sum_{i=1}^{n} X_i \leqslant a\right\}=P\left\{\frac{\sum\limits_{i=1}^{1\,000} X_i-10\,000}{\sqrt{\dfrac{100\,000}{3}}} \leqslant \frac{a-10\,000}{\sqrt{\dfrac{100\,000}{3}}}\right\}$$

$$\approx \Phi\left(\frac{a-10\,000}{\dfrac{100\sqrt{30}}{3}}\right)=0.99=\Phi(2.33).$$

解方程$\dfrac{a-10\,000}{\dfrac{100\sqrt{30}}{3}}=2.33$ 得 $a \approx 10\,425.4$,故供电站每天需向该地区供电 10 425.4 kW·h.

第五章

一、选择题

1. **【答案】**(D).

【解】由于 X 服从 χ^2 分布,故

$$\sqrt{a}(X_1-2X_2) \sim N(0,1), \sqrt{b}(3X_3-4X_4) \sim N(0,1).$$

于是由

$$1=D\left[\sqrt{a}(X_1-2X_2)\right]=aD(X_1)+4aD(X_2)=5a \cdot 2^2=20a,$$

$$1=D\left[\sqrt{b}(3X_3-4X_4)\right]=9bD(X_3)+16bD(X_4)=25b \cdot 2^2=100b$$

可知 $a=\dfrac{1}{20},b=\dfrac{1}{100}$.

2. **【答案】**(A).

【解】由于 $X_1,\cdots,X_5$ 均服从 $N(0,\sigma^2)$,故$\dfrac{X_1}{\sigma},\cdots,\dfrac{X_5}{\sigma}$均服从 $N(0,1)$,从而

$$U=\left(\frac{X_1}{\sigma}\right)^2+\cdots+\left(\frac{X_5}{\sigma}\right)^2 \sim \chi^2(5).$$

同理，$V=\left(\frac{X_6}{\sigma}\right)^2+\cdots+\left(\frac{X_{10}}{\sigma}\right)^2\sim\chi^2(5)$.

因为 U,V 独立，所以

$$\frac{U/5}{V/5}=\frac{\left[\left(\frac{X_1}{\sigma}\right)^2+\cdots+\left(\frac{X_5}{\sigma}\right)^2\right]\Big/5}{\left[\left(\frac{X_6}{\sigma}\right)^2+\cdots+\left(\frac{X_{10}}{\sigma}\right)^2\right]\Big/5}=\frac{X_1^2+\cdots+X_5^2}{X_6^2+\cdots+X_{10}^2}\sim F(5,5).$$

3.**【答案】**(C).

【解】由于 X_1,X_2 独立，且均服从 $N(0,\sigma^2)$，故根据式(4-2)，$X_1-X_2\sim N(0,2\sigma^2)$，从而 $U=\frac{X_1-X_2}{\sqrt{2}\sigma}\sim N(0,1)$.

又由于 $X_3\sim N(0,\sigma^2)$，故 $\frac{X_3}{\sigma}\sim N(0,1)$，从而 $V=\left(\frac{X_3}{\sigma}\right)^2\sim\chi^2(1)$.

于是由 U,V 独立可知

$$\frac{U}{\sqrt{V/1}}=\frac{\frac{X_1-X_2}{\sqrt{2}\sigma}}{\sqrt{\left(\frac{X_3}{\sigma}\right)^2/1}}=\frac{X_1-X_2}{\sqrt{2}\,|X_3|}\sim t(1).$$

4.**【答案】**(C).

【解】由

$$\begin{aligned}\alpha&=P\{|X|<x\}=1-P\{|X|>x\}\\&=1-(P\{X>x\}+P\{X<-x\})=1-2P\{X>x\}\end{aligned}$$

可知，$P\{X>x\}=\frac{1-\alpha}{2}$，故 $x=z_{\frac{1-\alpha}{2}}$.

二、填空题

5.**【答案】**np^2.

【解】$ET=E(\overline{X})-E(S^2)=np-np(1-p)=np^2$.

6.**【答案】**$\sigma^2+\mu^2$.

【解】$ET=\frac{1}{n}\sum_{i=1}^{n}E(X_i^2)=E(X_i^2)=D(X_i)+[E(X_i)]^2=\sigma^2+\mu^2$.

三、解答题

7.**【解】**(1) $D(Y_i)=D\left(X_i-\frac{1}{n}\sum_{j=1}^{n}X_j\right)=D\left[\left(1-\frac{1}{n}\right)X_i-\frac{1}{n}\sum_{\substack{j=1\\j\neq i}}^{n}X_j\right]$

$$=\left(1-\frac{1}{n}\right)^2D(X_i)+\frac{1}{n^2}\sum_{\substack{j=1\\j\neq i}}^{n}D(X_j)$$

$$=\left(1-\frac{1}{n}\right)^2\sigma^2+\frac{n-1}{n^2}\sigma^2=\frac{n-1}{n}\sigma^2.$$

(2) $\mathrm{Cov}(Y_1,Y_n)=\mathrm{Cov}(X_1-\overline{X},X_n-\overline{X})=\mathrm{Cov}(X_1-\overline{X},X_n)-\mathrm{Cov}(X_1-\overline{X},\overline{X})$

$$=\mathrm{Cov}(X_1,X_n)-\mathrm{Cov}(\overline{X},X_n)-\mathrm{Cov}(X_1,\overline{X})+D(\overline{X}).$$

由于 $X_1,X_2,\cdots,X_n$ 独立,而独立的两个随机变量协方差为零,故 $\mathrm{Cov}(X_1,X_n)=0$,且

$$\mathrm{Cov}(\overline{X},X_n)=\mathrm{Cov}\left(\frac{1}{n}\sum_{i=1}^{n}X_i,X_n\right)=\mathrm{Cov}\left(\frac{1}{n}\sum_{i=1}^{n-1}X_i,X_n\right)+$$

$$\mathrm{Cov}\left(\frac{1}{n}X_n,X_n\right)=\frac{1}{n}D(X_n)=\frac{\sigma^2}{n},$$

$$\mathrm{Cov}(X_1,\overline{X})=\mathrm{Cov}\left(X_1,\frac{1}{n}\sum_{i=1}^{n}X_i\right)=\mathrm{Cov}\left(X_1,\frac{1}{n}X_1\right)+$$

$$\mathrm{Cov}\left(X_1,\frac{1}{n}\sum_{i=2}^{n}X_i\right)=\frac{1}{n}D(X_1)=\frac{\sigma^2}{n}.$$

所以, $\mathrm{Cov}(Y_1,Y_n)=0-\dfrac{\sigma^2}{n}-\dfrac{\sigma^2}{n}+\dfrac{\sigma^2}{n}=-\dfrac{\sigma^2}{n}.$

(3) $E(Y_1+Y_n)=E(X_1+X_n-2\overline{X})=E(X_1)+E(X_n)-2E(\overline{X})=0.$

$$D(Y_1+Y_n)=D(Y_1)+D(Y_n)+2\mathrm{Cov}(Y_1,Y_n)=2\,\frac{n-1}{n}\sigma^2-2\,\frac{\sigma^2}{n}=\frac{2(n-2)}{n}\sigma^2.$$

由

$$\sigma^2=E\left[C(Y_1+Y_n)^2\right]=C\{D(Y_1+Y_n)+[E(Y_1+Y_n)]^2\}=\frac{2(n-2)}{n}C\sigma^2$$

可知, $C=\dfrac{n}{2(n-2)}.$

8.**【解】**(1) $EX=\displaystyle\int_0^{+\infty}x\cdot\frac{\theta^2}{x^3}\mathrm{e}^{-\frac{\theta}{x}}\mathrm{d}x=\theta\int_0^{+\infty}\mathrm{e}^{-\frac{\theta}{x}}\mathrm{d}\left(-\frac{\theta}{x}\right)=\theta.$

由 $EX=\overline{X}$ 可知 θ 的矩估计量为 $\hat{\theta}=\overline{X}$.

(2) 设样本 $X_1,X_2,\cdots,X_n$ 的观察值为 $x_1,x_2,\cdots,x_n$,则似然函数为

$$L(\theta)=\begin{cases}\prod\limits_{i=1}^{n}\dfrac{\theta^2}{x_i^3}\mathrm{e}^{-\frac{\theta}{x_i}}, & x_i>0(i=1,2,\cdots,n),\\ 0, & \text{其他}\end{cases}=\begin{cases}\theta^{2n}\prod\limits_{i=1}^{n}x_i^{-3}\mathrm{e}^{-\frac{\theta}{x_i}}, & x_i>0,\\ 0, & \text{其他}.\end{cases}$$

当 $x_i>0$ 时,

$$\ln L(\theta)=2n\ln\theta+\ln\left(\prod_{i=1}^{n}x_i^{-3}\mathrm{e}^{-\frac{\theta}{x_i}}\right)=2n\ln\theta-3\sum_{i=1}^{n}\ln x_i-\theta\sum_{i=1}^{n}\frac{1}{x_i},$$

$$\frac{\mathrm{d}[\ln L(\theta)]}{\mathrm{d}\theta}=\frac{2n}{\theta}-\sum_{i=1}^{n}\frac{1}{x_i}.$$

由 $\dfrac{\mathrm{d}[\ln L(\theta)]}{\mathrm{d}\theta}=0$ 可知, θ 的最大似然估计量为 $\hat{\theta}=\dfrac{2n}{\sum\limits_{i=1}^{n}\dfrac{1}{X_i}}.$

9.**【解】**对于 X 的样本值 $x_1,x_2,\cdots,x_n$,似然函数为

$$L(\theta)=\begin{cases}\prod\limits_{i=1}^{n}2\mathrm{e}^{-2(x_i-\theta)}, & x_i\geqslant\theta(i=1,2,\cdots,n),\\ 0, & \text{其他}\end{cases}$$

$$=\begin{cases}2^n\prod_{i=1}^{n}\mathrm{e}^{-2(x_i-\theta)}, & \theta\leqslant\min\{x_1,x_2,\cdots,x_n\},\\0, & 其他.\end{cases}$$

当 $\theta\leqslant\min\{x_1,x_2,\cdots,x_n\}$ 时，

$$\ln L(\theta)=n\ln 2+\ln\left[\prod_{i=1}^{n}\mathrm{e}^{-2(x_i-\theta)}\right]=n\ln 2-2\sum_{i=1}^{n}x_i+2n\theta,$$

$$\frac{\mathrm{d}[\ln L(\theta)]}{\mathrm{d}\theta}=2n>0.$$

由于 $L(\theta)$ 单调递增，故 θ 的最大似然估计值为 $\hat{\theta}=\min\{x_1,x_2,\cdots,x_n\}$.

10. **【解】** $H_0:\mu=70,H_1:\mu\neq70$.

拒绝域为

$$|t|=\left|\frac{\bar{x}-70}{s/\sqrt{n}}\right|\geqslant t_{0.025}(n-1).$$

由 $\bar{x}=66.5,s=15,n=36,t_{0.025}(35)=2.030\,1$ 可知

$$|t|=\left|\frac{66.5-70}{15/6}\right|=1.4<2.030\,1.$$

由于 t 没有落在拒绝域中，故接受 H_0，即可以认为这次考试全体考生的平均成绩为 70 分.

参考文献

[1] 盛骤,谢式千,等.概率论与数理统计[M].4 版.北京:高等教育出版社,2008.

[2] 陈希孺.概率论与数理统计[M].合肥:中国科学技术大学出版社,2017.

[3] 茆诗松,程依明,等.概率论与数理统计教程[M].3 版.北京:高等教育出版社,2019.

[4] 何书元.概率论[M].北京:北京大学出版社,2006.

[5] 李贤平.概率论基础[M].3 版.北京:高等教育出版社,2010.

[6] 李正元,李永乐,等.数学复习全书[M].北京:中国政法大学出版社,2014.

[7] 李永乐,王式安,等.考研数学复习全书[M].北京:国家行政学院出版社,2015.

[8] 李林.考研数学系列概率论与数理统计辅导讲义[M].北京:国家开放大学出版社,2018.

[9] 汤家凤.考研数学复习大全[M].北京:中国原子能出版社,2018.

[10] 张宇.概率论与数理统计 9 讲[M].北京:高等教育出版社,2019.

北京航空航天大学出版社
读者意见反馈表

尊敬的读者:您好!

首先,非常感谢您购买我们的图书。您对我们的信赖与支持将激励我们出版更多更好的精品图书。为了了解您对本书以及我社其他图书的看法和意见,以便今后为您提供更优秀的图书,请您抽出宝贵时间,填写这份意见反馈表,并寄至:

北京市海淀区学院路 37 号北京航空航天大学出版社(收)

邮编:100191

Email:shentao@buaa.edu.cn　　网址:www.buaapress.com.cn

凡是提出有利于提高我社图书质量的意见和建议的读者,均可获得北京航空航天大学出版社价值 20 元的图书(价格超过 20 元的图书只需补差价)。期待您的参与,再次感谢!

《概率论与数理统计轻松学》

读者个人信息:

姓名:________　　性别:________　　年龄:________

身份:学生 □　　社会在职人员 □　　其他 □

文化程度:大专及以下 □　　本科 □　　研究生 □

电话:________　手机:________　Email:________　QQ:________

通信地址:________________________________　　邮编:________

您获知本书的来源:

新华书店 □　　民营书店 □　　辅导班老师推荐 □　　网络 □

他人推荐 □　　媒体宣传(请说明)________　　其他(请说明)________

您购买本书的地点:

新华书店 □　民营书店 □　辅导班 □　网上书店 □　其他(请说明)________

您对本书的评价:

内容质量:很好 □　　较好 □　　一般 □　　较差 □　　很差 □

您的建议:____

体例结构:很好 □　　较好 □　　一般 □　　较差 □　　很差 □

您的建议:____

封面、装帧设计:很好 □　较好 □　　一般 □　　较差 □　　很差 □

您的建议:____

内文版式:很好 □　　较好 □　　一般 □　　较差 □　　很差 □

您的建议:____

印刷质量：很好 □　较好 □　一般 □　较差 □　很差 □

您的建议：________________________________

总体评价：很好 □　较好 □　一般 □　较差 □　很差 □

影响您是否购书的因素：(可多选)

内容质量 □　体例结构 □　封面、装帧设计 □　内文版式 □　印刷质量 □

封面文字 □　封底文字 □　内容简介 □　前言 □　目录 □

作者 □　出版社 □　价格 □　广告宣传 □

其他(请说明)________________________

您是否知道北京航空航天大学出版社：

知道 □　不知道 □

您是否买过北京航空航天大学出版社的图书：

买过(书名：________________________)　没买过 □

您对本书的具体意见和建议：

____

____

____

____

____

您还希望购买哪方面的图书：

____

____

____

____

____

您对北京航空航天大学出版社的具体意见和建议：

____

____

____

____

____

其他意见和建议：

____

____

____

____

____